中国茶文化

Chinese Tea Culture

丁以寿 编著

时代出版传媒股份有限公司
安徽教育出版社

图书在版编目（CIP）数据

中国茶文化 / 丁以寿编著. 合肥：安徽教育出版社，2011.8(2024.3 重印)
（中国茶韵）
ISBN 978-7-5336-6260-8

Ⅰ.①中… Ⅱ.①丁… Ⅲ.①茶—文化—中国 Ⅳ.①TS971

中国版本图书馆 CIP 数据核字（2011）第 165566 号

中国茶文化

ZHONGGUO CHA WENHUA

出　版　人：费世平
责任编辑：文　乾
装帧设计：吴亢宗
责任印制：李松伦

出版发行：安徽教育出版社
地　　　址：合肥市经开区繁华大道西路 398 号　邮编：230601
网　　　址：http://www.ahep.com.cn
营销电话：(0551)63683012,63683013
排　　　版：安徽时代华印出版服务有限责任公司
印　　　刷：安徽联众印刷有限公司

开　本：720 毫米×960 毫米　1/16
印　张：12.75
字　数：150 千字
版　次：2011 年 8 月第 1 版　2024 年 3 月第 7 次印刷
定　价：38.80 元

（如发现印装质量问题，影响阅读，请与本社营销部联系调换）

目　录

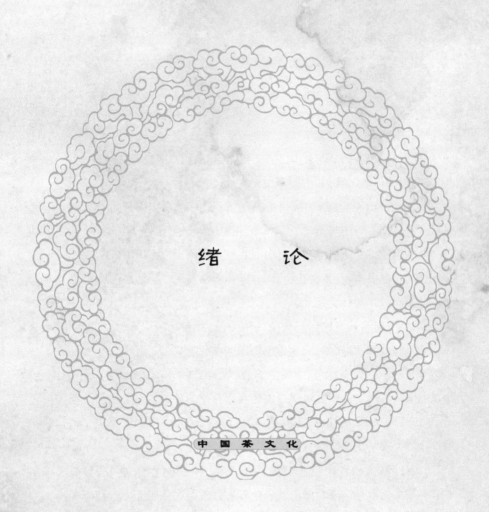

绪　　论

中国茶文化

一、茶文化从名词到概念

尽管中国茶文化在中唐时期已经形成,但"茶文化"这一名词的出现和被接受却是当代的事。

在"茶文化"正式确立之前,王泽农、庄晚芳等已经使用"茶叶文化"、"饮茶文化"的相近表述,台湾茶人则使用"茶艺文化"。

在台湾,1982 年,娄子匡在为许明华、许明显的《中国茶艺》一书的代序——"茶的新闻"里,首次使用"茶文化"一词。1988 年,范增平等在台湾发起成立"中华茶文化学会"。

在大陆,庄晚芳最早使用"茶文化"。1984 年,庄晚芳先生发表论文《中国茶文化的传播》,首倡"中国茶文化"。

1990 年 10 月,在浙江杭州举办了首届"国际茶文化研讨会",研讨会主题是"茶文化的历史与传播"。"国际茶文化研讨会组织委员会"开始筹备成立"中国国际茶文化研究会"。同年,在江西南昌成立了"中国茶文化大观"编辑委员会,着手编辑《茶文化论丛》《茶文化文丛》。至此,"茶文化"新名词算是正式确立,并被社会接受。

从一个新名词发展到新概念,需要有过程和时间。不过,"茶文化"由名词发展到概念的时间很短,这也反映出茶文化发展的迅猛。

1991 年 4 月,王冰泉、余悦主编的《茶文化论》出版,该书收入余悦(彭勃)的《中国茶文化学论纲》,对构建中国茶文化学的理论体系进行了全面探讨。

1991 年 5 月,姚国坤、王存礼、程启坤编著的《中国茶文化》出版,这是第一本以"中国茶文化"为名称的著作,筚路蓝缕。

1991 年,江西省社会科学院主办、陈文华主编的《农业考古》杂志推出"中国茶文化专号",成为国内唯一公开发行的茶文化研究中文核心期刊。

1992 年,王玲的《中国茶文化》、朱世英主编的《中国茶文化辞典》、王家扬主编的《茶文化的传播及其社会影响——第二届国际茶文化研讨会论文选集》相继出版。可以说,到 1992 年,"茶文化"作为一个新概念被正式确立。

但是作为一个新概念,对其内涵和外延的界定一时难以统一,后来不断有人通过论文、著作对茶文化的概念进行阐释。

二、茶文化的内涵界定

陈文华在《中华茶文化基础知识》一书中指出:"广义的茶文化是指整个茶叶发展历程中有关物质和精神财富的总和。狭义的茶文化则是专指其'精神财富'部分。"

韩国朴权钦在《二十一世纪与茶文化》一文中指出:"茶文化的定义是指人类社会历史实践过程中所创造的与茶有关的物质财富和精神财富的总和。茶文化从广义上讲,包括茶的自然科学和茶的人文科学两个层面。"

按照文化的层次论,广义茶文化又可划分为四个层次。

物质文化层:是人的物质生产活动及其产品的总和,是可感知的、具有物质实体的事物。对茶文化而言,是指有关茶叶生产活动方式和产品、茶叶消费使用过程中各种器物的总和,包括各种茶叶生产技术、生产机械和设备、茶叶产品以及饮茶中所涉及到的器物和建筑等。

制度文化层:是处理人与人之间相互关系的规范,表现为各种制度,建立各种组织。对茶文化而言,是关于茶叶生产和流通过程中所形成的生产制度、经济制度等,如历史上的茶政、茶法、榷茶、纳贡、赋税、茶马交易等,现代的茶业经济、贸易制度等。

行为文化层:是在人际交往中约定俗成的习惯性定势,它以民风民俗形式出现,见之于日常生活中,具有鲜明的地域与民族特色。对茶文化而言,主要是指各地区、各民族形成的茶俗等。

精神文化层:由价值观念、审美情趣、思维方式等构成。对茶文化而言,是指在茶事活动中所形成的价值观念、审美情趣、文学艺术等。

广义茶文化是指人类社会历史实践过程中所创造的与茶有关的物质和精神财富的总和,可谓包罗万象。茶文化从广义上讲与茶学的概念相当,茶学包含茶的自然科学、社会科学和人文科学。

广义茶文化内涵太广泛,狭义茶文化(精神财富)又嫌内涵狭隘。因此,我们既不主张广义茶文化概念,以免与茶学概念重叠,也不主张狭义茶文化概念,而是主张一种中义的茶文化概念,介于广义和狭义的茶文化之间,从而为茶文化确定一个合理的内涵和外延。

中义茶文化包括心态文化层、行为文化层的全部,物态文化层的部分——名茶及饮茶的器物和建筑等(物态文化层的茶叶生产活动和生产技术、生产机械等,制度文化层中的茶叶经济、茶叶市场、茶叶商品、茶叶经营管理等不属于茶文化之列)。茶文化是茶的人文科学加上部分茶的社会科学,属于茶学的一部分。茶文化、茶经贸、茶科技三足鼎立,共同构成茶学。

茶文化在本质上是饮茶文化,是作为饮料的茶所形成的各种文化现象的集合。具体说来,中义茶文化主要包括饮茶的历史、发展和传播,茶俗、茶艺和茶道,茶文学与艺术,茶具,茶馆,茶著,茶与宗教、哲学、美学、社会学等。茶文化的基础是茶俗、茶艺,核心是茶道,主体是茶文学与艺术。

三、本书的取向

目前,中国发表和出版的各种茶文化论著数量庞大,广涉茶树栽培、茶叶加工与审评、茶叶经营管理和经济贸易,等等。其内容秉持广义或狭义茶文化概念,而以持广义茶文化概念为大多数。在编写体例上,这些著作往往采取横向叙述,少数在书中加以茶文化发展历程的简述。

在茶文化概念上,本书取中义,书中围绕饮茶及相关的茶会、茶馆、茶具、茶道、茶著、茶文学、茶艺术来展开。

本书采取纵向叙述,按照中国茶文化的酝酿、形成、发展、曲折的过程分成四章。汉魏六朝是中国茶文化的酝酿期,唐代是中国茶文化的形成期,宋明是中国茶文化的发展期,在中唐、北宋后期、晚明形成了中国茶文化的三个高峰。清代、民国以迄"文革",是中国茶文化衰落时期,20世纪80年代以来是中国茶文化的复兴时期,期间充满了曲折、坎坷。

我们期待中国茶文化的又一高峰早日到来!

第一章

茶文化的酝酿

中国茶文化

第一节　茶的利用源起

茶的发现和利用,传说始于神农时代。但是对茶最初是如何加以利用的呢?是食用?药用?还是饮用?学术界对此看法不一。陈椽的《茶业通史》认为,茶"由祭品而菜食,而药用,直至成为饮料";庄晚芳的《中国茶史散论》认为,"最初利用茶的方式方法,可能是作为口嚼食料,也可能作为烤煮的食物,同时也逐渐为药料饮用";也有人认为,茶最初是作为药用的;还有人认为,茶叶最初是当为果腹食用,它先于"药用"、"饮用"和"祭祀"。可见,对茶的最初利用方式意见很不统一。归纳起来,对茶的利用,不外乎食用、药用和饮用,至于其他如祭祀之用等是附属于食用、药用和饮用的。

一、茶的食用

茶的利用,最初当是作为食物行之于世的。道理很简单,在生存第一、果腹第一的原始社会,茶绝不会首先作为饮料,也不可能首先作为药物使用的。传说中的神农氏时期处于渔猎社会向农耕社会转变的时代,为了生存,扩大

□ 神农氏像

食物来源是原始社会人们的首要任务。原始人把收集到的各种植物的根、茎、叶、花、果都用来充饥，这种史实从古文献中也可见一斑。古者"未有火化，食草木之实、鸟兽之肉，饮其血，茹其毛"。（《礼记·礼运》）"至于神农，以为行虫走兽难以养民，乃求可食之物，尝百草之实，察酸苦之味，教民食五谷。"（陆贾《新语·道基》）

　　虽然神农时代农耕已经萌芽，但采集、渔猎仍然在经济生活中占据重要地位。因此，在当时生产力水平极其低下的情况下，"求可食之物，尝百草之实"是十分自然的事。因此，可以肯定，利用植物来果腹是原始人的最初出发点。在此前提下，采集茶树芽叶，烹煮食用便也顺理成章。

　　事实上，茶叶的确可以食用，尤其是茶树鲜嫩的芽叶。茶叶食用的传统至今仍在一些地区，特别是一些少数民族地区保留，如杭州的龙井虾仁、苗族和侗族的打油茶、基诺族的凉拌茶等。

二、茶的药用

　　茶叶在被先民长期食用过程中，其药用功能逐渐被发现、认识。于是，茶叶又成为人们保健、治病的良药。关于茶的药用价值，已为古今众多的药书和茶书所记载。"神农尝百草，一日遇七十二毒，得茶而解之"（《神农本草》），说的是茶有解毒功效，这种功能也为现代医学所证实。当然，神农得茶不一定确有其事。这种发现也绝不是神农一个人的功劳，它是无数先民在长期实践过程中，经过千辛万苦得来的经验总结。神农"得茶"的传说只不过是这种经验总结的神化。事实上，中国人对茶的发现很可能远在神农之前。

古人把茶的药效进行总结，再上升为理论，写进医书和药书，经历了漫长的时间，因此先秦时期对茶的药效记载并不多。除了《神农本草》这样的药物学书明确说到茶的医疗作用外，传说同为神农氏所作，实为西汉儒生所著的《神农食经》也再次说到"茶茗久服，令人有力、悦志"（陆羽《茶经·七之事》）。正因为茶能治病、提神，所以古人又把茶归入药材一类看待。如司马相如在《凡将篇》中列举了 20 多种药材，其中就有"荈诧"即茶叶（陆羽《茶经·七之事》）。华佗《食论》云："苦荼久食，益意思"（陆羽《茶经·七之事》），可以认为是对《神农食经》说法的再次论述。华佗是

东汉名医，他所证明的茶叶能够提神、益思的功效早出现在西汉的著述中，而西汉的著述所表达的观念又可上溯到先秦甚至原始社会。西汉以及西汉以后的论著对茶的药理作用记述更多更详，这说明茶药的使用越来越广泛，也从另一个方面证明茶在作为饮料前主要是用作药物的。

三、茶的饮用

茶的饮用后起，是在食用和药用的基础上慢慢形成的。

脱胎于食用和药用的茶的饮用，很长时间里都带有食用和药用的烙印。"煮之百沸"，源于熬药。"采其叶煮"的"茗粥"，显然源于食用。即便唐煎宋点，也是连茶末一道饮下，所以也称"吃茶"。中国又有"药食同源"的说法，所以到底是从食用还是药用演变出饮用，已无从探究，抑或兼而有之。神农时期对茶的利用只是食用和药用，饮用当属后来的事。中国人什么时候将茶作为饮料？先秦文献不足征。吴觉农等在《茶经述评》中作了"茶由药用时期发

展为饮用时期,是在战国或秦代以后"的推测,这个推测应当说比较可信,但先秦时期的饮茶可能只局限在巴蜀及西南地区。从神农到春秋战国,对茶的利用应以食用和药用为主。关于先秦饮茶没有直接的文献记载,饮茶的文献材料始见于汉代。

早期的文献关于茶的功效可以归纳成两类:

一类是悦志、醒酒、不眠、益意思等,这是由咖啡碱而产生的兴奋剂效果,也是茶成为无酒精饮料的决定性因素。《神农食经》撰著的确切年代无法考证,但是其中的愉悦心情的认识与华佗《食论》的认识完全一致。华佗《食论》也已经失传,具体写作年代不详。既然托名东汉末的华佗,又被陆羽《茶经》所引用,应该是汉魏六朝时代的著述。两晋之交的刘琨写信给他的侄子南兖州刺史刘演,要刘演购买茶叶,原因是"吾体中愦闷,常仰真茶",就是说仰仗茶叶来解决烦闷乏力的问题。晋代的张华《博物志》:"饮真茶,令人少眠。"说饮茶导致兴奋,使人无法入睡。

另一类为羽化、轻身换骨、延年等,以神仙道教思想为根底,强调茶的仙药效果。年代不详的壶居士《食忌》说:"苦荼久食,羽化。"(陆羽《茶经·七之事》)把茶与道教最高目标羽化登仙直截了当地联系在一起。南朝齐梁时既是道教徒又是药学家的陶弘景也在《杂录》里说:"苦荼轻身换骨,昔丹丘子、黄山君服之。"(陆羽《茶经·七之事》)以得道的神仙服用茶叶的事例来证明羽化登仙的可信度。而佛教僧侣也承认了饮茶具有延年益寿的功效,《续名僧传》在介绍南朝宋的僧徒法瑶时,强调了"饭所饮茶"的生活习惯和"年垂悬车"的高龄两者之间的因果关系。把茶的这些效果汇总起来看,无疑茶是被当成服食修炼的上药而被饮用。

需要指出的是,茶在其食用、药用、饮用上有交叉性。也就是说茶叶一开始是作为果腹之用,一旦认识到它还有神奇的医药作用,人们就把重心转移到药用上来,药用价值远远大于食用。茶除了药效成分外,还有营养成分,这样茶的使用就逐渐向饮料过渡。饮茶归根到底是利用茶叶的营养成分和药效成分,茶的饮用与茶的药用其实是难解难分的。所以,科学的观点是茶的食用、药用、饮用是相互递进又相互交叉的过程。只是,茶的饮用在确立之后成为对茶的利用的主流,茶的食用、药用降为支流,但三者并行不悖。

第二节　饮茶的起始和发展

一、饮茶的起始

中国人利用茶的年代久远,但饮茶的历史相对要晚一些。先秦时期在局部地区(茶树原产地及其边缘地区)已有饮茶,但目前还缺乏文献和考古的直接支持。

关于饮茶的起始,到目前为止还存在争议。陆羽根据《神农食经》的记载,认为饮茶始于神农时代,"茶之为饮,发乎神农氏"(《茶经·六之饮》)。神农即炎帝,与黄帝同为中国上古部落首领,是华夏始祖。然而《神农食经》据今人考证,其成书在汉代以后。饮茶始于上古社会只是传说,不是信史。

清人顾炎武认为,"自秦人取蜀,而后始有茗饮之事"(《日知录·茶》)。顾炎武认为饮茶始于战国时代也只是推测,并无直接的材料证据。

有关先秦的饮茶,不是源于传说,就是间接推测,并无直接的材料来证明。

清代郝懿行在《证俗文》中指出:"茗饮之法,始见于汉末,而已萌芽于前汉。"认为饮茶始见于东汉末,而萌芽于西汉。因为西汉时王褒《僮约》有"烹茶尽具",东汉末的华佗《食论》有"苦茶久服,益意思",所以郝懿行此言不虚。

晋代陈寿《三国志·吴书·韦曜传》记:"曜饮酒不过二升。皓初礼异,密赐茶荈以代酒。""密赐茶荈以代酒",这种能代酒的茶荈当为茶饮料,三国时代吴国已饮茶应是确凿无疑。然而东吴居长江下游,东吴之茶当传自长江上游的巴蜀,巴蜀的饮茶要早于东吴。因此,中国的饮茶一定早于三国时代。

□ 王褒像　　　　　　　　□ 《僮约》片段

　　应该说,中国人饮茶不晚于西汉。西汉著名辞赋家王褒《僮约》是关于饮茶最早的可信记载。《僮约》中有"烹荼尽具"、"武阳买荼",一般都认为"烹荼"、"买荼"之"荼"为茶。既然用来待客,不会是药而是饮料。《僮约》订于西汉宣帝神爵三年(公元前59年),故中国人饮茶不会晚于公元前一世纪中叶的西汉晚期。

　　王褒是四川资中人,买荼之地为四川彭山,最早在文献中对荼有过记述的司马相如、王褒、扬雄均是蜀人,可以确定是巴蜀之人发明饮茶。饮茶最初发生在四川,最根本的原因是四川地区巴蜀民族的发达文化,浓厚的神仙思想,以及与这种思想相呼应的发达的制药技术造就了茶饮料。

二、茶的煮饮的流行

　　汉魏六朝茶叶加工粗放,往往连枝带叶晒干或烘干,是为原始的散茶。此时期的饮茶方式,古籍虽有零星记录,但是语焉不详。

　　茶的饮用脱胎于茶的食用和药用,故最先的饮茶方式源于茶的食用和药用方法。从食用而来,是用鲜叶或干叶烹煮成羹汤而饮,往往加盐调味;从药用而来,用鲜叶或干叶,往往佐以姜、桂、椒、桔皮、薄荷等熬煮成汤汁而饮。饮茶有比较明确的文字记载是在西汉晚期的巴蜀地区,故推测煮茶法的发明当属于巴蜀之人,时间不晚于西汉。

西汉王褒《僮约》称"烹茶尽具",东晋郭璞注《尔雅》"槚,苦荼"说:"树小如栀子,冬生,叶可煮作羹饮"。

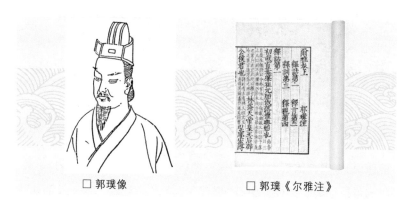

□ 郭璞像　　　　　　　　□ 郭璞《尔雅注》

《桐君录》记:"巴东别有真香茗,煎饮令人不眠"。煎茶,当如煎药,茶叶加水煮熬。

晚唐皮日休《茶中杂咏》序说:"自周以降及于国朝茶事,竟陵子陆季疵言之详矣。然季疵以前称茗饮者,必浑以烹之,与夫瀹蔬而啜者无异也。"皮日休认为陆羽以前的饮茶,"浑以烹之",喝茶如同喝蔬菜汤。

唐杨华《膳夫经手录》记:"茶,古不闻食之。近晋、宋以降,吴人采其叶煮,谓之茗粥。"茗粥即是用茶叶煮成浓稠的羹汤。

汉魏六朝时期的饮茶方式,诚如皮日休所言,"浑以烹之",煮成羹汤而饮。煮茶,或加冷水,或加热水,煮至沸腾,乃至百沸。

那时也没有专门的煮茶、饮茶器具,往往是在鼎、釜中煮茶,用食器、酒器饮茶。源于药用的煎熬和源于食用的烹煮是其主要形式。

三、饮茶习俗的形成

中国人饮茶习俗的形成,是在两晋南北朝时期。当此时期,上自帝王将相,下到平民百姓,中及文人士大夫、宗教徒,可谓社会各个阶层普遍饮茶,成一时风尚。

（一）宫廷饮茶

陆羽《茶经·七之事》引《晋四王起事》："惠帝蒙尘，还洛阳，黄门以瓦盂盛茶上至尊。"晋惠帝在蒙难而初返洛阳时，侍从以"瓦盂盛茶"供惠帝饮用，可见惠帝日常生活中应当喜欢饮茶。

南朝宋人山谦之《吴兴记》载："乌程温山，出御荈。"在温山建御茶园，茶叶专供皇室。

《南齐书·武帝本纪》："我灵上慎勿以牲为祭，唯设饼、茶饮、干饭、酒脯而已。"死后以茶为祭，则南齐国皇帝生前喜欢饮茶无疑。

两晋南北朝，宫廷皇室普遍饮茶。

（二）文人士大夫饮茶

从两汉到三国，在巴蜀之外，茶是供上层社会享用的珍稀之物，饮茶限于王公朝士。晋以后，饮茶进入中下层社会。

两晋南北朝时期，张载、左思、杜育、陆纳、谢安、桓温、刘琨、王濛、褚裒、王肃、刘镐等文人士大夫均喜饮茶。茶，作为风流雅尚而被士人广泛接受。

"吾体中溃闷，恒假真茶，汝可致之。"（刘琨《与兄子兖州刺史演书》）

"止为茶荈剧，吹嘘对鼎𬬻"（左思《娇女诗》），就连左思未成年的两个小女儿也喜欢饮茶，可见左思家中平常是饮茶的。

南朝宋何法盛《晋中兴书》记："陆纳为吴兴太守时，卫将军谢安常欲诣纳……安既至，所设唯茶、果而已。"东晋士大夫以茶待客。

南朝宋刘义庆《世语新说·纰漏》记："任育长年少时，甚有令名。……坐席竟，下饮，便问人云：'此为茶，为茗？'"江南一带，文人、士大夫宴会之时，客人入座完毕，便开始上茶。《世说新语·轻诋》也记，褚裒"初渡江，尝入东至金昌亭，吴中豪右宴集亭中"，因褚裒初来乍到，吴中豪右不识，故意捉弄他，"敕左右多与茗汁"，"使终不得食"，可见士大夫宴会前敬茶已成规矩。

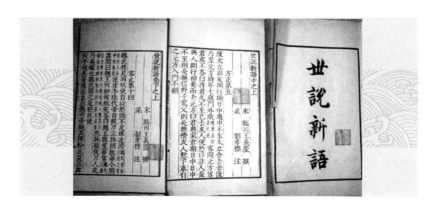

后魏杨衒之《洛阳伽蓝记》卷三城南报德寺："肃初入国,不食羊肉及酪浆,常饭鲫鱼羹,渴饮茗汁。……时给事中刘镐,慕肃之风,专习茗饮。"北朝人原本渴饮酪浆,但受南朝人的影响,如刘镐等,也喜欢上饮茶,并向王肃专习茶艺。

两晋南北朝时期,文人士大夫饮茶风气很盛。

(三)宗教徒饮茶

汉魏六朝时期,是中国道教的形成和发展时期,同时也是起源于印度的佛教在中国的传播和发展时期。茶以其清淡、虚静的本性和却睡疗病的功能广受宗教徒的青睐。

1.道教与茶

道家清静淡泊、自然无为的思想,与茶的

□陶弘景塑像

清和淡静的自然属性极其吻合。中国的饮茶始于古巴蜀,而巴蜀也是道教的诞生地。道教徒很早就接触到茶,并在实践中视茶为成道的"仙药"。道教徒炼丹服药,以求脱胎换骨、羽化成仙,于是茶成为道教徒的首选之药。在茶从食用、药用向饮用的转变中,道教发挥了重要作用。

壶居士《食忌》："苦茶久食,羽化",把茶与道教最高目标羽化登仙联系在一起。南朝著名道教理论家陶弘景在药书《杂录》记："苦茶轻身换骨,昔丹丘子、黄山君服之。"丹丘子、黄山君是传说中的神仙人物,饮茶使人"轻身换骨",可满足道教对长生不老、羽化登仙的追求。

西晋道士王浮《神异记》："余姚人虞洪入山采茗,遇一道士,牵三青牛,引洪至瀑布曰:'予丹邱子也,闻子善具饮,常思见惠。山中有大茗可以相给,祈子他日有瓯牺之余,乞相遗也。'"仙人丹邱(丘)子向虞洪乞茶。

道教徒崇尚饮茶,其对饮茶功效的宣扬,提高了茶的地位,促进了饮茶的广泛传播和饮茶习俗的形成。

2.佛教与茶

《续名僧录》："宋释法瑶,姓杨氏,河东人⋯⋯年垂悬车,饭所饮茶。"法瑶是东晋名僧慧远的再传弟子,以擅长讲解《涅槃经》著称。法瑶性喜饮茶,每饭必饮茶,并且活到七十九岁。

《宋录》："新安王子鸾、鸾弟豫章王子尚诣昙济道人于八公山,道人设茶茗,子尚味之曰:'此甘露也,何言茶茗。'"昙济十三岁出家,后拜鸠摩罗什弟

□ 八公山

子僧导为师。他从关中来到寿春(今安徽寿县),与其师一起创立了成实师说

的南派——寿春系。昙济擅长讲解《成唯识论》，对"三论"、《涅槃》也颇有研究，曾著《六家七宗论》。他在八公山东山寺住了很长时间，后移居京城的中兴寺和庄严寺。两位小王子造访昙济，昙济设茶待客。

两晋南北朝时期，佛教徒以茶资修行，以茶待客。

（四）平民饮茶

《广陵耆老传》："晋元帝时有老姥，每旦独提一器茗，往市鬻之，市人竞买。"老姥每天早晨到街市卖茶，市民争相购买，这反映平民的饮茶风尚。

《南齐书·武帝本纪》："我灵上慎勿以牲为祭，唯设饼、茶饮、干饭、酒脯而已，天下贵贱，咸同此制。"南齐武帝诏告天下，灵前祭品设茶等四样，不论贵贱，一概如此，可见南朝时茶已进入寻常百姓家中。

其他如陆羽《茶经·七之事》所载宣城秦精（陶潜《搜神后记》）、剡县陈务妻（刘敬叔《异苑》）、余姚虞洪（王浮《神异记》）、沛国夏侯恺（干宝《搜神记》），都是平民饮茶的例子。

两晋南北朝时期，平民阶层的饮茶也越来越普遍。

（五）茶叶生产的发展

《华阳国志·蜀志》："什邡县，山出好茶"，"南安、武阳皆出名茶"。什邡、南安、武阳均为四川地名。什邡即今什邡县，南安治乐山，包括今乐山、峨眉、洪雅、夹江、犍为、丹棱、青神诸县。武阳治今彭山县。傅巽《七诲》提到"南中茶子"，西晋前的南中地区则包括了云贵川交界的大部分地区。《桐君录》记："酉阳、武昌、庐江、晋陵皆出好茗。巴东别有真香茗。"陶潜《搜神后记》："晋孝武世，宣城人秦精，常入武昌山中采茗。"王浮《神异记》："余姚人虞洪入山采茗。"《荆州土地记》："武陵七县通出茶，最好。"东晋裴渊《广州记》："西平县出皋卢，茗之别名，叶大而涩，南人以为饮。"晋元帝时宣城地方官温峤上表贡茶1000斤，茗300斤（寇宗奭《本草衍义》，引自顾炎武《日知录》卷七《茶》）。南朝宋人山谦之《吴兴记》："长兴啄木岑，每岁吴兴、毗陵二郡太守采茶宴会于此，有境会亭。"乌程温山产贡茶，长兴县有境会亭，两郡太守在此宴集，督造茶叶。

以上说明在两晋南北朝时期，在四川、重庆之外，湖北、湖南、安徽、江苏、浙江、广东、云南、贵州这些地区已有茶叶生产。

饮茶起源于巴蜀，经两汉、三国、两晋、南北朝，逐渐向中原广大地区传播，饮茶由上层社会向民间发展，饮茶、种茶的地区越来越广。晋代张载《登成都白菟楼》诗云："芳茶冠六清，溢味播九区。"诗中说四川的香茶传遍九州，这里虽有文人的夸张，却也近于事实。至两晋南北朝，中国人的饮茶习俗终于形成。

第三节　茶文化的酝酿

一、茶艺萌芽

西晋杜育《荈赋》一文中有对于茶艺的描写，如择水："水则岷方之注，挹彼清流"，择取岷江中的清水；如选器："器择陶简，出自东隅"，茶具选用产自东瓯(今浙江上虞、慈溪一带)的瓷器；如煎茶："沫沉华浮，焕如积雪，晔若春敷。"煎好的茶汤，汤华浮泛，像白雪般明亮，如春花般灿烂；如酌茶："酌之以匏，取式公刘。"用匏瓢酌分茶汤。

岷江是流经川西的主要河流，由此可见中国茶艺萌芽于蜀。虽然在西晋就有茶艺的萌芽，但在当时还不普及，而且局限在饮茶的发源地巴蜀一带。

二、茶文学初起

两晋南北朝是中国茶文学的发轫期。《搜神记》《神异记》《搜神后记》、《异苑》等志怪小说集中有一些关于茶的故事。孙楚、左思、张载、王微撰有涉茶诗篇。杜育《荈赋》、鲍令晖撰有《香茗赋》以茶为题材的散文。

（一）茶诗

唐代之前写到茶的诗仅有四首，它们是孙楚的《出歌》、张载的《登成都白菟楼》、左思的《娇女诗》和王微的《杂诗》。

现存最早的涉茶诗，是西晋诗人孙楚（约218—293）的《出歌》：

姜桂茶荈出巴蜀，椒橘木兰出高山……

"茶荈"即是茶，"茶荈出巴蜀"，说明直到西晋时期，茶仍是巴蜀的特产。

左思（约250—305），字太冲，西晋著名文学家。《娇女诗》是一首五言叙事长诗，诗中描写两个小女孩天真可爱，她们在园中追逐奔跑，嬉笑玩耍，攀花摘果，娇憨可掬。玩得渴了，急于饮茶解渴，便用嘴对着炉灶吹火，以求将茶早点煮好。这里节录其中十二句：

吾家有娇女，姣姣颇白皙。小字为纨素，口齿自清历。

其姊字惠芳，眉目粲如画。驰骛翔园林，果下皆生摘。

贪华风雨中，倏忽数百适。止为茶荈据，吹嘘对鼎䥶。

鼎䥶是一种三足两耳的食器，这里用来煮茶。唐代以前还没有专门的茶器，往往与酒器、食器混用。

西晋张载，字孟阳，性格闲雅，博学多闻。与其弟张协、张亢，都以文学著称，时称"三张"。"太康（280—289）初，至蜀省父"，其父张收时为蜀郡太守。其《登成都白菟楼》诗应是当时的作品。诗的最后四句：

芳茶冠六清，溢味播九区。人生苟安乐，兹土聊可娱。

"六清"是指古代的六种饮料，即水、浆、醴、凉、医、酏。"芳茶冠六清"是说香茶胜过其他六种饮料，可以说茶是所有饮料之冠。"九区"即九州，泛指全国，"溢味播九区"是说茶的美味传遍全国各地。

南朝宋人王微的《杂诗》是以一个采桑女的自叙来写的，开头写自己命运的悲苦，中间写丈夫从军征战，不幸马丧人亡。最后写自己独自在空寂的家中，于阁楼上凭窗远眺，盼君不归，凄苦地整衣饮茶。诗的最后四句：

寂寂掩高阁,寥寥空广厦,待君竟不归,收领今就槚。

(二)茶文

最早的涉茶文是西汉王褒的记事散文《僮约》,其中有"烹茶尽具"、"武阳买茶"。南朝鲍令晖曾撰《香茗赋》,但已散佚。

西晋杜育的《荈赋》是现存最早的一篇茶文,原文散佚,幸赖唐代欧阳询编纂的《艺文类聚》得以部分保留下来。杜育,字方叔,与左思、陆机、刘琨、潘岳等合称"二十四友"。《荈赋》存文如下:

灵山惟岳,奇产所钟。厥生荈草,弥谷被岗。承丰壤之滋润,受甘霖之宵降。月惟初秋,农功少休。结偶同旅,是采是求。水则岷方之注,挹彼清流;器择陶简,出自东瓯。酌之以匏,取式公刘。惟兹初成,沫沉华浮,焕如积雪,晔若春敷。……调神和内,倦解倦除。

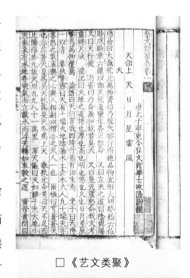

□《艺文类聚》

《荈赋》写到"弥谷被岗"的植茶规模,写到秋茶的采制,特别是其中对于茶艺的描写,还写到饮茶的功用:"调神和内,倦解倦除。"《荈赋》是文学史中第一篇以茶为题材的散文,才辞丰美,对后世的茶文学颇有影响。宋代吴淑《茶赋》称:"清文既传于杜育,精思亦闻于陆羽。"可见杜育《荈赋》在茶文化史上的影响。

(三)茶事小说

中国茶事小说的起源,可以追溯到魏晋时期。其时,茶的故事已在志怪小说集中出现。西晋王浮《神异记》有"虞洪在丹丘子的指引下获大茗"的故事,东晋干宝《搜神记》有"夏侯恺死后为鬼而回家饮茶"的故事,旧题东晋陶潜撰实是后人伪托的《搜神后记》《续搜神记》有"秦精采茗遇毛人"的故事。南朝宋刘敬叔《异苑》记剡县陈务妻好饮茶,宅中有古冢,每饮辄先祀之,后竟获钱。《广陵耆老传》记广陵茶姥者,轻健有力,耳聪目明,发鬓滋黑。历四百年,颜状不改。吏系之于狱,姥持所卖茶器,自牖中飞去。

三、茶与社会生活

两晋南北朝时期,茶在社会生活中的功用逐渐加大,在人际交往、祭祀祖先活动中都少不了茶。

（一）以茶待客

王褒《僮约》中的"烹茶尽具"便是规定在家中来客之后烹茶敬客。

南朝宋人何法盛《晋中兴书》记:"陆纳为吴兴太守时,卫将军谢安常欲诣纳……安既至,所设唯茶、果而已。"陆纳以茶和水果待客。

弘君举《食檄》:"寒温既毕,应下霜华之茗,三爵而终。"客来到,见面寒暄之后,先饮三杯茶。

客来敬茶不仅是世俗社会的礼仪,也影响到宗教界,如昙济和尚也是以茶待客,道俗相同。

两晋南北朝时期,客来敬茶成为中华民族普遍的礼俗。

（二）以茶祭祀

《南齐书·武帝本纪》:"我灵上慎勿以牲为祭,唯设饼、茶饮、干饭、酒脯而已,天下贵贱,咸同此制。"

南朝宋刘敬叔《异苑》记剡县陈务妻,好饮茶茗。宅中有一古冢,每饮,辄先祀之。

用茶祭祀亡灵、先祖,这一风俗后来成为中国社会的普遍风俗。

（三）茶与宗教结缘

仙人丹丘子、黄山君因饮茶而"轻身换骨",释法瑶"饭所饮茶",释昙济以茶待客,等等,茶与宗教在两晋南北朝时期广为结缘。

两晋南北朝,茶由巴蜀向中原广大地区传播,茶叶生产地区不断扩大,饮茶从上层社会逐渐向民间发展。不仅如此,茶也成为祭祀的祭品。从晋代开始,道教、佛教徒与茶结缘,以茶养生,以茶助修行。两晋南北朝,茶文学初步兴起,产生了《荈赋》等名篇。中国茶艺亦于西晋时萌芽。这一切说明,两晋南北朝是中国茶文化的酝酿时期。🫖

第一章

茶文化的形成

中国茶文化

隋朝结束了东晋以来270多年的分裂割据局面,建立了统一的中央集权国家。贯通南北的大运河的开通,有利于南北经济、文化的交流。茶业经过数千年的发展,到唐代中期达到昌盛,在国家政治、经济、文化、生活领域发挥着重要作用。

李肇《唐国史补》记:"风俗贵茶,茶之名品益众。剑南有蒙顶石花,或小方,或散芽,号为第一。湖州有顾渚之紫笋,东川有神泉小团、昌明兽目,峡州有碧涧明月、芳蕊、茱萸簝,福州有方山之露芽,夔州有香山,江陵有楠木,湖南有衡山,岳州有㵲湖之含膏,常州有义兴之紫笋,婺州有东白,睦州有鸠坑,洪州有西山之白露,寿州有霍山之黄芽,蕲州有蕲门团黄。而浮梁有商货不在焉。"

杨华《膳夫经手录》记载的名茶除去与上书重复的外,还有:新安含膏茶、蕲州茶、鄂州茶、至德茶、潭州茶、渠江薄片茶、湖南、峡中香山茶、(夷陵)小江源茶、(舒州)天柱茶、(寿州)霍山小团、(福州)正黄茶、(宣州)鸭山茶、(东川)先春含膏、歙州、婺州、祁门、婺源方茶,共计数十种。

唐代的名茶已很多,其中主要是团饼茶,也有散茶,散茶中有芽茶也有叶茶。

唐代茶叶开始向日本、新罗等周边国家输出。

第一节 "茶"字的确立

秦代以前,中国各地的文字还不统一,茶的名称也存在同物异名。在中国古代,表示茶的字有多个,"其字,或从草,或从木,或草木并。其名,一曰茶,二曰槚,三曰蔎,四曰茗,五曰荈。"(陆羽《茶经·一之源》)"茶"字是由"荼"字直接演变而来的,所以,在"茶"字形成之前,荼、槚、蔎、茗、荈都曾用来表示茶。不过,荼、槚、荈、蔎现在已经不使用,经常使用的是茗,偶尔使用的有茗,茗是作为茶的雅称而使用的。

一、借"荼"为茶的由来

（一）荼的本义

1.苦菜

《尔雅·释草第十三》："荼,苦菜。"苦菜为田野自生之多年生草本,菊科。《诗经·国风·邶国之谷风》有"谁谓荼苦,其甘如荠",《诗经·国风·豳国之七月》有"采荼樗薪",《诗经·大雅·绵》有"堇荼如饴",一般都认为上述诗中之"荼"是指苦菜。三国时吴国陆玑《毛诗草木鸟兽鱼疏》记苦菜的特征是:生长在山田或沼泽中,经霜之后味甜而脆。

苦菜是荼的本义,其味苦,经霜后味转甜,故有"其甘如荠"、"堇荼如饴"。

2.茅秀

东汉郑玄《周官》注云:"荼,茅秀",茅秀是茅草种子上所附生的白芒。《诗经·国风·郑国之出其东门》有"有女如荼",成语有"如火如荼",上述之荼一般认为是指白色的茅秀。

茅秀是荼的引申义,因苦菜的种子附生白芒,进而由苦菜白芒引申为茅草之"芽秀"。茶具苦涩味,所以,便用同样具有苦味的荼(苦菜)来借指茶。

3.其他

由"茅秀"进一步引申为"芦苇花"。还有解释为"紫蓼"、"秽草"的。

（二）荼何时被用来借指茶

《尔雅·释木第十四》："槚,苦荼。"槚从木,当为木本,则苦荼亦为木本,由此知苦荼非从草的苦菜而是从木的茶。《尔雅》一书,非一人一时所作,最后成书于西汉,乃西汉以前古书训诂之总汇。由《尔雅》最后成书于西汉,可以确定以荼代茶不会晚于西汉。

西汉王褒《僮约》中有"烹荼尽具"、"武阳买荼",一般认为这里的"荼"指茶。因为,如果是田野里常见的普通苦菜,就没有必要到很远的武阳去买。

王褒《僮约》订于西汉宣帝神爵三年,由此也可知,用荼借指茶当在西汉宣帝之前。

(三)荼是中唐以前茶的主要称谓

陆羽在《茶经》"七之事"章,辑录了中唐以前几乎全部的茶资料,经统计,荼(含苦菜)25则,荼茗3则,荼荈4则,茗11则,槚2则,荈诧3则,蔎1则。荼、苦菜、荼茗、荼荈共32则,约占总茶事的70%。槚、蔎都是偶见,茗、荈也较荼为少见。由此看来,荼是中唐以前对茶的最主要称谓。

二、茶的异名

(一)槚

槚,又作檟。《说文解字》:"槚,楸也。""楸,梓也。"按照《说文》,槚即楸即梓。《埤雅》:"楸梧早晚,故楸谓之秋。楸,美木也。"则楸叶在早秋落叶,故音秋,是一种质地美好的树木。《通志》:"梓与楸相似。"《韵会》:"楸与梓本同末异。"陆玑《毛诗草木鸟兽鱼疏》:"楸之疏理白色而生子者为梓。"《埤雅》:"梓为百木长,故呼梓为木王。"综上所述,槚(檟)为楸、梓一类树木,且楸、梓是美木、木王。

"槚,苦荼。"(《尔雅》)槚为楸、梓之类如何借指茶?《说文解字》:"槚,楸也,从木,贾声。"而贾有"假"、"古"两种读音,"古"与"荼"、"苦荼"音近,因茶为木本而非草本,遂用槚(音古)来借指茶。槚作楸、梓时则音"假"。

因《尔雅》最后成书于西汉,则槚借指茶不晚于西汉。但槚作茶不常见。

(二)茗

茗,古通萌。《说文解字》:"萌,草木芽也,从草明声。""芽,萌也,从草牙声。"茗、萌本义是指草木的嫩芽。茶树的嫩芽当然可称茗。后来茗、萌、芽分工,以茗专指茶(荼)嫩芽,所以,徐铉校定《说文解字》时补:"茗,荼芽也。从草名声。"

茗何时由草木之芽演变成专指茶芽?旧题汉东方朔著、晋张华注《神异记》载："余姚人虞洪入山采茗"，晋郭璞《尔雅》"槚，苦茶"注云："早取为茶，晚取为茗，或一曰荈，蜀人名之苦茶。"唐前饮茶往往是生煮羹饮，因此，年初正、二月采的是上年生的老叶，三、四月采的才是当年的新芽，所以晚采的反而是"茗"。以茗专指茶芽，当在汉晋之时。茗由专指茶芽进一步又泛指茶，沿用至今。

（三）荈

《茶经》"五之煮"载："其味甘，槚也；不甘而苦，荈也；啜苦咽甘，茶也。"陆德明《经典释文·尔雅音义》："荈、茶、茗，其实一也。"《魏王花木志》："茶……其老叶谓之荈，嫩叶谓之茗。"南朝梁人顾野王《玉篇》："荈……茶叶老者。"综上所述，荈是指粗老茶叶，因而苦涩味较重，所以《茶经》称"不甘而苦，荈也"。

《茶经》"七之事"引司马相如《凡将篇》中有"荈诧"。司马相如是西汉著名文学家，其与哲学家、文学家杨雄及文学家王褒都是四川人，而四川是中国最早饮茶的地区，"武阳买茶"的武阳就是现今四川彭山。所以，《凡将篇》中的"荈"指茶是可能的。荈不像槚、茶等字是借指茶，只有茶一种含义。荈义为茶的可靠记载见于《三国志·吴书·韦曜传》："曜饮酒不过二升，皓初礼异，密赐茶荈以代酒"，茶荈代酒，当是茶饮。

晋杜育作《荈赋》，五代宋初人陶谷《清异录》中有"荈茗部"。"荈"字除指茶外没有其他意义，可能是在"茶"字出现之前的茶的专有名字，但南北朝后就很少使用了。

（四）蔎

《说文解字》："蔎，香草也，从草设声。"段玉裁注云："香草当作草香。"蔎本义是指香草或草香。因茶具香味，故用蔎借指茶。西汉杨雄《方言注》："蜀西南人谓茶曰蔎。"但以蔎指茶仅蜀西南这样用，应属方言用法，古籍仅此一见。

三、茶字的创造及确立

在茶、槚、茗、荈、蔎五种茶的称谓中，以茶为最普遍，流传最广。但"茶"

字多义,容易引起误解。"茶"是形声字,从草余声,草头是义符,说明它是草本。但从《尔雅》起,已发现茶是木本,用茶指茶名实不符,故借用"槚",但槚本指楸、梓之类树木,借为茶也会引起误解。所以,在"槚,苦茶"的基础上,造一"梌"字,从木茶声,以代替原先的槚、茶字。另一方面,仍用"茶"字,改读"加、诧"音。

陆德明《经典释文》云:"茶,埤苍作梌。"《埤苍》乃三国魏张揖所著文字训诂书,则"梌"字至迟出现在三国初年。

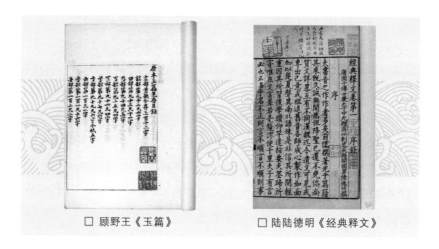

□ 顾野王《玉篇》　　　　　□ 陆陆德明《经典释文》

南朝梁代顾野王《玉篇》"廿部"第一百六十二,"茶,杜胡切……又除加切。"隋陆德明《经典释文·尔雅音义下·释木第十四》:"茶,音徒,下同。埤苍作梌。按:今蜀人以作饮,音直加反,茗之类。"除加切,直加切,音茶。"茶"读茶音约始于南北朝时期。

"梌"(音茶)形改音未改,"茶"(音茶)音改形未改,所以,梌在读音上及茶在书写上还会引起误解,于是进一步出现既改形又改音的"梌"(音茶)和"茶"。

隋陆法言《广韵》"下平声,莫霞麻第九;春藏叶可以为饮,巴南人曰葭茶。""茶，俗。""茶"字列入"麻韵"，下平声，当读"茶"，非读"荼"。"茶"字由"荼"字减去一画，仍从草，不合造字法，但它比"荼"书写简单，所以"茶"的俗字，首先使用于民间。"茶"(音茶)和"茶"大约都起始于梁陈之际。

《茶经》注云："从草当作茶，其字出《开元文字音义》。"《开元文字音义》系唐玄宗李隆基御撰的一部字书，已失传。

尽管《广韵》《开元文字音义》收有"茶"字，但在正式场合，仍用"荼"(音茶)。初唐苏恭等撰的《唐本草》和盛唐陈藏器撰《本草拾遗》，都用"荼"而未用"茶"。直到陆羽著《茶经》之后，"茶"字才逐渐流传开来。

第二节　饮茶的普及

一、饮茶习俗的普及

"滂时浸俗，盛于国朝两都并荆渝间，以为比屋之饮。"(陆羽《茶经·六之饮》)中唐时期，饮茶之风以东都洛阳和西都长安及湖北、重庆一带最为盛行，形成"比屋之饮"，即家家户户都饮茶。

"至开元、天宝之间，稍稍有茶；至德、大历遂多，建中以后盛矣。"(杨华《膳夫经手录》)杨华认为茶始兴于玄宗朝，肃宗至德、代宗大历时渐多，德宗建中以后盛行。

"南人好饮之，北人初不多饮。开元中，泰山灵岩寺有降魔师，大兴禅教。学禅务于不寐，又不夕食，皆许其饮茶。人自怀挟，到处煮饮。从此转相仿效，遂成风俗。……于是茶道大行，王公朝士无不饮者。……穷日竟夜，殆成风俗。始自中地，流于塞外。往年回鹘入朝，大驱名马，市茶而归。"(封演《封氏闻见记》卷六"饮茶")封演认为是禅宗促进了北方饮茶风俗的形成和传播。建中(780年)以后，中国的"茶道大行"，饮茶之风弥漫朝野，"穷日竟夜"，"遂成风俗"，且"流于塞外"。

中唐以后,不仅中原广大地区饮茶,而且边疆少数民族地区也饮茶。

"茶为食物,无异米盐,于人所资,远近同俗,既祛竭乏,难舍斯须,田间之间,嗜好尤甚。"(《旧唐书·李珏传》)茶对于人如同米、盐一样每日不可缺少,田间农家,尤其嗜好。"累日不食犹得,不得一日无茶也。"(《膳夫经手录》)几天不食可以,一日无茶不可,可见茶在唐代人日常生活中的地位和重要。

由上可知,中国人饮茶习俗普及于中唐。中唐以后,饮茶日益发展,越来越大众化。

二、茶具的独立发展

唐代茶具在中国茶具发展史上,具有重要地位。饮茶风尚的盛行,在一定程度上促进了茶具的生产。产茶之地的茶器具发展更是迅速,越州、婺州、寿州、邛州等地是既盛产茶,亦盛产茶器。当时最负盛名的为越窑和邢窑茶瓯,可代表当时南青北白两大瓷系。

南方青瓷以越窑为代表,主要窑址在今浙江上虞、余姚、绍兴一带。越窑瓯是陆羽在《茶经》中所推崇的窑器,并用"类玉"、"类冰"来形容越窑盏的胎釉之美,在当时影响甚大。如顾况《茶赋》:"舒铁如金之鼎,越泥似玉之瓯";孟郊《凭周况先辈于朝贤乞茶》:"蒙茗玉花尽,越瓯荷叶空";韩偓《横塘》诗:"越瓯犀液发茶香";许浑《晨起》诗:"越瓯秋水澄";李群玉《龙山人惠石廪方及团茶》诗："红炉炊霜枝,越瓯斟井华"等,都是赞颂越窑瓯的名句。越窑瓯"口唇不卷,底卷而浅",敞口浅腹,斜直壁,璧形足。越窑瓯托托口一般较矮,还有带托连烧的茶瓯,托沿卷曲作荷叶形,茶瓯作花瓣形。

北方白瓷以刑窑为代表。陆羽《茶经》也认为,邢窑瓯"类银"、"类雪"。白居易诗称"白瓷瓯甚洁"。"内邱白瓷瓯、端溪紫石砚,天下无贵贱通用之。"(李肇《唐国史补》)邢窑瓯较厚重,外口没有凸起卷唇。邢窑瓯在陕西、河南、河北、湖南以至广东等地唐墓葬中常有出土,正说明了当时邢窑白瓷瓯"天下无贵贱通用之"的情况。

唐代茶具已形成体系,煎茶器具有近 30 种之多。茶镀是专门的煎茶锅,此外尚有茶铛、茶铫、风炉、茶碾、茶罗等器具。晚唐时,茶盏(碗、瓯)的式样越来越多,有荷叶形、海棠式和葵瓣口形等,其足部已由玉璧形足改为圈足了。

五代时,茶具又有了新的变化,这与当时新兴的一种饮茶方式——点茶法有关。点茶用的汤瓶,形制为高颈长腹,细长流,瓶身则以椭圆形为多,瓶口缘下与肩部之间设一曲形把。

唐五代茶具除陶瓷制品外,还有金、银、铜、铁、竹、木、石等制品。

三、茶馆和茶会的兴起

(一)茶馆的兴起

"开元中……自邹、齐、沧、棣,渐至京邑城市,多开店铺,煎茶卖之。不问道俗,投钱取饮。"(封演《封氏闻见记》卷六"饮茶")这种在乡镇、集市、道边"煎茶卖之"的"店铺",当是茶馆的雏形,出现在唐玄宗开元年间。

"太和……九年五月……涯等仓皇步出,至永昌里茶肆,为禁兵所擒。"(《旧唐书·王涯传》)到了唐文宗太和年间已有正式的茶馆。

唐中期,国家政治稳定,经济空前繁荣,加之陆羽《茶经》的问世,使得"天下益知饮茶矣",因而茶馆不仅在产茶的江南地区迅速普及,也流传到了北方城市。此时,茶馆除予人解渴外,还兼有予人休息,供人饮食的功能。

（二）茶会的兴起

茶会萌芽于两晋南北朝，兴起于唐朝，是饮茶普及化的产物。"茶会"一词，首见之于唐。在《全唐诗》中，有钱起《过长孙宅与朗上人茶会》、刘长卿《惠福寺与陈留诸官茶会》、武元衡《资圣寺贲法师晚春茶会》等诗篇。由于"茶会"在当时尚属初出，有时又称"茶宴"、"茶集"，如钱起《与赵莒茶宴》、李嘉佑诗《秋晚招隐寺东峰茶宴内弟阎伯均归江州》、鲍君徽《东亭茶宴》以及王昌龄的《洛阳尉刘晏与府县诸公茶集天宫寺岸道上人房》等。诗中所记的茶会、茶宴或茶集，差不多都与文士、僧人有关。当时的茶会，主角是文人。由于文人和僧人交往密切，文人好与僧人品茗赋诗，并以此为清雅之举。后来僧人也成了茶会的主角，僧人在寺庙内部也举行茶会。茶会的内容大致是主客在一起品茶，以及赏景叙情、挥翰吟诗，等等，即如钱起所说的"玄谈兼藻思"。

"大历十才子"之一的钱起《过长孙宅与朗上人茶会》：

偶与息心侣，忘归才子家。玄谈兼藻思，绿茗代榴花。

岸帻看云卷，含毫任景斜。松乔若逢此，不复醉流霞。

作者与佛徒朗上人在长孙家举行茶会，他们一边品茶，一边谈玄理、论诗文、挥翰墨。其《与赵莒茶宴》则写文人雅士在幽静的竹林中举行茶会。

茶会以清静为主，决不可如酒会喧嚣。皎然在《晦夜李侍御萼宅集招潘述、汤衡、海上人饮茶赋》中写：

晦夜不生月，琴轩犹为开。墙东隐者在，淇上逸僧来。

茗爱传花饮，诗看卷素裁。风流高此会，晓景屡徘徊。

品茶是雅人韵事，宜伴琴韵花香和诗草。这场茶会中有李侍御、潘述、汤衡、海上人、皎然五人，其中三位文士，两个僧人，他们以茶集会，赏花、吟诗、听琴、品茗相结合，堪称风雅茶会。

颜真卿等人《五言月夜啜茶联句》：

泛花邀坐客，代饮引清言。——陆士修

醒酒宜华席,留僧想独园。——张荐

不须攀月桂,何假树庭萱。——李萼

御史秋风劲,尚书北斗尊。——崔万

流华净肌骨,疏瀹涤心原。——颜真卿

不似春醪醉,何辞绿菽繁。——皎然

素瓷传静夜,芳气清闲轩。——陆士修

颜真卿、皎然等七人举行月夜茶会,啜茶联句,茶会实际上也是诗会。

鲍君徽《东亭茶宴》:"闲朝向晓出帘栊,茗宴东亭四望通。远眺城池山色里,俯聆弦管水声中。幽篁引沼新抽翠,芳槿低檐欲吐红。坐久此中无限兴,更怜团扇起清风。"在东亭举行茶会,四望风景如画,兴意无限。

吕温《三月三日茶宴》序云:"三月三日,上已禊饮之日,诸子议以茶酌而代焉。乃拨花砌,爱庭阴,清风逐人,日色留兴。卧借青霭,坐攀花枝,闻莺近席羽未飞,红蕊拂衣而不散。乃命酌青沫,浮素杯,殷凝琥珀之色,不令人醉,微觉清思,虽玉露仙浆,无复加也。座右才子南阳邹子、高阳许侯,与二三子顷为尘外之赏,而曷不言诗矣。"莺飞花拂,清风丽日,吕温、邹子、许侯诸子举行上已茶会,同时也是诗会。

唐代佚名的《宫乐图》中,将品茶与饮馔、音乐结合,表现的是豪华的宫廷茶会。

从唐代诗文绘画中我们可以知道,茶会是唐代文人雅士的一种集会形式,同时也反映了茶会在唐代的流行。

第三节　茶文化的形成

一、煎茶道的形成与流行

中国茶道的最初的形式就是煎茶道,陆羽《茶经》奠定了煎茶道的基础,因此,陆羽可谓是中国茶道的奠基人。

"茶道"一词首见于陆羽的至交、诗人、茶人释皎然《饮茶歌诮崔石使君》诗:"孰知茶道全尔真,唯有丹丘得如此。"皎然博学多识,不仅精通佛典,又旁涉经史诸子。皎然常与陆羽酬诗唱和,共同探讨茶道艺术,对中国茶道的创立及发展有着极大的贡献,堪称中国茶道之父。皎然是陆羽一生中交往时间最长、情谊亦最深厚的良师益友,他们在湖州所倡导的茶道对当时的茶文化影响甚巨,更对后代茶道及茶文化的发展产生巨大的推动作用。

封演《封氏闻见记》卷六"饮茶"记:"楚人陆鸿渐为《茶论》,说茶之功效,并煎茶炙茶之法,造茶具二十四事,以都统笼贮之。远近倾慕,好事者家藏一副。有常伯熊者,又因鸿渐之《论》广润色之,于是茶道大行,王公朝士无不饮者。御史大夫李季卿宣慰江南,至临淮县馆,或言伯熊善茶者,李公请为之。伯熊着黄被衫乌纱帽,手执茶器,口通茶名,区分指点,左右刮目。"常伯熊不仅从理论上对陆羽《茶论》(《茶经》的前身)进行了广泛的润色,而且擅长茶道实践,是中华煎茶道的开拓者之一。

煎茶是从煮茶演化而来的,是从末茶的煮饮改进而来。在末茶煮饮情况下,茶叶中的内含物在沸水中容易浸出,故不需较长时间的煮熬。况茶叶经长时间的煮熬,其汤色、滋味、香气都会受到影响而不佳。正因如此,对末茶煮饮加以改进,在水二沸时下茶末,三沸时茶便煎成,这样煎煮时间较短,煎出来的茶汤色香味俱佳,于是形成了陆羽式的煎茶。

根据陆羽《茶经》,煎饮的程序有:备器、择水、取水、候汤、炙茶、碾罗、煎茶、酌茶、品茶等。

备器：煎茶器具有风炉、茶鍑、茶碾、茶罗、竹夹、茶碗等二十四式,崇尚越窑青瓷和邢窑白瓷茶碗。

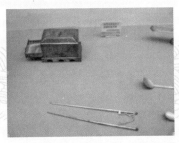

□ 法门寺地宫出土茶具

择水："其水,用山水上,江水中,井水下。""其山水,拣乳泉、石池漫流者上。""其江水,取去人远者。井,取汲多者。"

取火：《茶经》记："其火,用炭,次用劲薪(谓桑、桐、栎之类也)。其炭曾经燔炙为膻腻所及,及膏木、败器不用之(原注:膏木为柏、桂、桧也,败器谓朽废器也)。"

候汤：陆羽为烧火煮水设计了风炉和鍑。风炉形状像古鼎,三足间设三孔,底一孔作通风漏灰用。鍑比釜要小些,宽边、长脐、有两只方形耳。无鍑也可用铛(盆形平底锅)、銚(有柄有流的烹器)代替。《茶经》云："其沸,如鱼目,微有声为一沸,缘边如涌泉连珠为二沸,腾波鼓浪为三沸。已上水老,不可食。"

炙茶：炙烤茶饼,一是进一步烘干茶饼,以利于碾末;二是进一步消除残存的青草气,激发茶的香气。唐时茶叶以团饼为主,此外尚有粗茶、散茶、末茶。

碾罗：炙好的茶饼趁热用纸袋装好,隔纸用棰敲碎。纸袋既可免香气散失，又防茶块飞溅。继之入碾碾成末，再用罗筛去细末，使碎末大小均匀。《茶经》云，茶末以像米粒般大小为好。

煎茶：水一沸时，加盐调味。二沸时，舀出一瓢水备用。随后用"则"量取适当量的末茶当中心投下，并用"竹夹"环搅镬中心。不消片刻，水涛翻滚，这时用先前舀出备用的水倒回茶镬以止其沸腾，使其生成"华"。华就是茶汤表面所形成的沫、饽、花。薄的称"沫"，厚的称"饽"，细而轻的称"花"，《茶经》形容花似枣花、青萍、浮云、青苔、菊花、积雪。

酌茶：三沸茶成，首先要把沫上形似黑云母的一层水膜去掉，因为它的味道不正。最先舀出的称"隽永"，而后依次舀出第一、第二、第三碗，茶味要次于"隽永"。"夫珍鲜馥烈者，其碗数三；次之者，碗数五。"好茶，仅舀出三碗；差些的茶，可舀出五碗。煮水一升，酌分五碗。

品茶：用匏瓢舀茶到碗中，趁热喝，冷则精英随气而散。这时重浊凝下，精英浮上。

煎茶法在实际操作过程中，视情况可省略一些程序和器具。若用散、末茶，或是新制的饼的茶，则只碾罗而不需炙烤。

陆羽发明了宽边、鼓腹、凸底的镬用来煎茶，因镬是凸底，不能平放，因而又发明交床以承镬。由于煎茶器具较多，普通人家也难以备齐，有时便进行简化。如用铛煎茶，则不需用交床。佚名的唐代《宫乐图》中，桌上置一铛，铛中有一长柄勺。皎然《对陆迅饮天目山茶因寄元居士晟》诗有"投铛涌作沫，着碗聚生花"。无论是用镬还是铛煎茶，都需要用瓢将茶汤舀到茶碗中。于是改用铫煎茶，直接从铫中将茶汤斟入茶碗，可省去瓢舀。唐代元稹《茶》诗有"铫煎黄蕊色，碗转曲尘花"。中唐以后，往往用铛和铫代替镬来煎茶。

煎茶道形成于8世纪后期的唐代宗、德宗朝，广泛流行于9世纪的中晚唐。9世纪初，一代茶圣陆羽和茶道之父皎然、茶道大师常伯熊相继去世，但由他们创立的煎茶道却深入社会，在中晚唐（9世纪）获得了空前的发展，风行天下。

煎茶道兴盛期的代表人物还有张又新、白居易、卢仝、李约、皮日休、陆龟蒙等。此外,钱起、刘禹锡、孟郊、李德裕、杜牧、李商隐、温庭筠、薛能、李群玉、释齐己等,对唐代煎茶道的传播和发展都有一定的贡献。

唐末五代人徐夤《谢尚书惠蜡面茶》诗有"金槽和碾沉香末,冰碗轻涵翠缕烟。分赠恩深知最异,晚铛宜煮北山泉",以铛煮泉水煎茶,表明五代时期,煎茶道依然流行。

二、茶文学的兴盛

唐代是中国文学繁荣时期,同时也是饮茶习俗普及和流行的时期,茶与文学结缘,造成茶文学的兴盛。唐代茶文学的成就主要在诗,其次是散文。唐代第一流的诗人都写有茶诗,许多茶诗脍炙人口。

(一)茶诗

唐朝是中国诗歌的鼎盛时代,诗家辈出。同时,中国的茶业在唐代有了突飞猛进的发展,饮茶风尚在全社会普及开来,品茶成为诗人生活中不可或缺的内容,诗人品茶咏茶,因而茶诗大量涌现。

□ 李白像

李白(701—762),字太白,号青莲居士,被誉为"诗仙"。其作《答族侄僧中孚赠玉泉仙人掌茶》:

常闻玉泉山,山洞多乳窟。仙鼠如白鸦,倒悬清溪月。

茗生此中石,玉泉流不歇。根柯洒芳津,采服润肌骨。

丛老卷绿叶,枝枝相接连。曝成仙人掌,似拍洪崖肩。

……

这是中国历史上第一首以茶为主题的茶诗,也是名茶入诗第一首。在这首诗中,李白对仙人掌茶的生长环境、晒青加工方法、形状、功效、名称来历等都作了生动的描述。特别是"采服润肌骨",后来卢仝的"五碗肌骨清"与之如出一辙。李白在其诗序中更写道:"玉泉真公常采而饮之,年八十余岁,颜色如桃花。而此茗清香滑熟异于他者,所以能还童振枯扶人寿也。"李白认为饮茶能使人返老还童、延年益寿,反映了道教的饮茶观念。

有"诗圣"之称的杜甫(708—766),字子美,与李白齐名,时称"李杜"。其诗沉郁顿挫,吟咏时事,被后世称之为"诗史"。其在切近生活、反映现实之外也有描写茶事的诗,如《重过何氏五首》之三:

□杜甫像

　　落日平台上,春风啜茗时。
　　石阑斜点笔,桐叶坐题诗。
　　翡翠鸣衣桁,蜻蜓立钓丝。
　　自逢今日兴,来往亦无期。

落日、春风、翠鸟、蜻蜓,环境幽雅,正是品茗的清雅场所。一边赏茗,一边题诗,情景交融,宛如一幅美妙的饮茶题诗图,雅情逸趣跃然纸上。

钱起,字仲文,大历十才子之一。其《与赵莒茶宴》:
　　竹下忘言对紫茶,全胜羽客醉流霞。
　　尘心洗尽兴难尽,一树蝉声片影斜。

文人雅士们在竹林中举行以茶当酒的茶宴,竹下共饮,主客忘言,品饮紫笋香茶远胜道士沉醉的美酒流霞。饮茶过后清心涤虑,雅兴更浓。不觉夕阳西下,树影横斜。树上蝉声衬出竹林的幽静。

其《过长孙宅与朗上人茶会》(见本章第一节三),作者与佛徒朗上人在长孙家进行茶会,三人一边品茶,一边谈玄理、论诗文。抬头望云天构思,握笔沉吟，任日影西斜，忘了归家。就是仙人赤松子、王子乔遇上此茶会，也会品茗论道而不醉心美酒的。

皇甫冉(716—769)，字茂政，诗清逸可诵，多漂泊之感。皇甫曾，字孝常，与冉为同母兄弟，均以诗才名重士林。皇甫兄弟与陆羽的交情都很深厚，他们与陆羽常相走访于江南之间。皇甫冉有《送陆鸿渐栖霞寺采茶》，为陆羽在深山采茶留下了身影：

采茶非采莨，远远上层崖。布叶春风暖，盈筐白日斜。

旧知山寺路，时宿野人家。借问王孙草，何时泛碗花？

春风送暖之际，作者送陆羽到遥远的高山上去采茶。陆羽采茶往往到夕阳西斜，太晚了就在山野人家借宿，作者期盼陆羽早点归来，大家在一起品尝陆羽所采制之茶。

皇甫曾也有《送陆鸿渐山人采茶》：

千峰待逋客，香茗复丛生。采摘知深处，烟霞羡独行。

幽期山寺远，野饭石泉清。寂寂燃灯夜，相思一磬声。

陆羽上山采茶，令友人十分关切思念。遥想陆羽，烟霞独行，借宿山寺，野饭石泉。寂静的夜里听到远处山寺里的磬声，作者的思念就像磬声一样悠长。

皎然(约720—约805)，俗姓谢，字清昼，是南朝宋时山水诗人谢灵运十世玄孙，诗人和诗歌理论家。皎然曾撰《茶诀》，作茶诗二十多首。他的《饮茶歌诮崔石使君》一诗首咏"茶道"：

越人遗我剡溪茗，采得金芽爨金鼎。

素瓷雪色缥沫香，何似诸仙琼蕊浆。

一饮涤昏寐，情思爽朗满天地。

再饮清我神,忽如飞雨洒轻尘。

三饮便得道,何须苦心破烦恼。

此物清高世莫知,世人饮酒多自欺。

愁看毕卓瓮间夜,笑向陶潜篱下时。

崔侯啜之意不已,狂歌一曲惊人耳。

孰知茶道全尔真,唯有丹丘得如此。

茶,可比仙家琼蕊浆;茶,三饮便可得道。谁人知晓修习茶道可以全真葆性,仙人丹丘子就是通过茶道而得道羽化的。皎然此诗认为通过饮茶可以涤昏寐、清心神、得道、全真,揭示了茶道的修行宗旨。

皎然是中华茶道的倡导者、开拓者之一,作为佛教徒的皎然,却推崇道教的茶道观。他在另一首诗《饮茶歌送郑容》中表达了同样的观念,即丹丘子就是饮茶而羽化成仙的:"丹丘羽人轻玉食,采茶饮之生羽翼。"

皎然是茶圣陆羽的忘年至交,两人情谊深厚,《寻陆鸿渐不遇》是他们之间的诚挚友情的写真:

移家虽带郭,野径入桑麻。近种篱边菊,秋来未着花。

扣门无犬吠,欲去问西家。报道山中去,归来每日斜。

诗中写道,陆羽的新家虽然接近城郭,但要沿着野径经过一片桑田麻地。近屋篱笆边种上了菊花,虽然秋天到了但还没有开花。敲门却没听到狗的叫声,因而去西边邻居家打听。邻居回答说陆羽去了山中,归来时每每是太阳西斜。这首诗是陆羽迁居后,皎然造访不遇所作。全诗淳朴自然,清新流畅,充满诗情画意。联系到皇甫兄弟的诗,可知陆羽常常是深入山中采茶,每每归来很迟,甚至借宿山寺、山野人家,反映出陆羽倾身事茶的献身精神。

皎然所写与陆羽有关的诗就有十多首,如《九日与陆处士羽饮茶》、《往丹阳寻陆处士不遇》、《访陆处士羽》、《赠韦卓陆羽》、《赋得夜雨滴空阶送陆羽归龙山》、《奉和颜使君真卿与陆处士羽登妙喜寺三癸亭》、《喜义兴权明府自君山至集陆处士青塘别业》《寒食日同陆处士行报德寺宿解公房》《春夜集陆处士居玩月》《同李侍御萼李判官集陆处士羽新宅》《同李司直题武丘寺兼留诸公与陆羽之无锡》《泛长城东溪暝宿崇光寺寄处士陆羽联句》等,成了研究陆羽生平很有价值的史料。

白居易(772—847),字乐天,号"香山居士",撰有茶诗 50 余首,数量为唐代之冠。唐宪宗元和十二年,好友忠州刺史李宣寄给他寒食禁火前采制的新蜀茶,病中的白居易感受到友情的温暖,欣喜异常,煮水煎茶,品茶别茶,深情地写下《谢李六郎中寄新蜀茶》一诗:

□ 白居易像

故情周匝向交亲,新茗分张及病身。

红纸一封书后信,绿芽十片火前春。

汤添勺水煎鱼眼,末下刀圭搅麹尘。

不寄他人先寄我,应缘我是别茶人。

其在《睡后茶兴忆杨同州》诗中写道:

……

婆娑绿阴树,斑驳青苔地。此处置绳床,傍边洗茶器。

白瓷瓯甚洁,红炉炭方炽。沫下麹尘香,花浮鱼眼沸。

盛来有佳色,咽罢余芳气。不见杨慕巢,谁人知此味。

在绿树掩映、青苔斑驳的幽致池边涤器煮水,候汤煎茶,红泥火炉,白瓷茶瓯,盛来有佳色,饮罢齿颊生香。

白居易煎茶爱用泉水,"最爱一泉新引得,清泠屈曲绕阶流"。并撰有《山泉煎茶有怀》,"坐酌泠泠水,看煎瑟瑟尘。无由持一碗,寄与爱茶人。"偶尔也用雪水煎茶,"吟咏霜毛句,闲尝雪水茶"。有时也用河水煎茶,"蜀茶寄到但惊新,渭水煎来始觉珍"。于茶,"渴尝一碗绿昌明","绿昌明"是四川的一种茶。而白居易也喜欢四川的"蒙顶茶","茶中故旧是蒙山"。茶为白居易的生活增加了许多的情趣,"或饮茶一盏,或吟诗一章","或饮一瓯茗,或吟两句诗",茶与诗成为白居易生活中不可缺少的内容。

卢仝(约795－835),自号玉川子,年轻时隐居少室山,刻苦读书,不愿仕进。"甘露之变"时,因留宿宰相王涯家,与王涯同时遇害,死时才40岁左右。茶诗中,最脍炙人口的,首推卢仝的《走笔谢孟谏议寄新茶》。该诗是他品尝友人谏议大夫孟简所赠新茶之后的即兴作品,直抒胸臆,一气呵成。

□ 卢仝塑像

日高丈五睡正浓,军将打门惊周公。

口云谏议送书信,白绢斜封三道印。

开缄宛见谏议面,手阅月团三百片。

闻道新年入山里,蛰虫惊动春风起。

天子须尝阳羡茶,百草不敢先开花。

仁风暗结珠蓓蕾,先春抽出黄金芽。

摘鲜焙芳旋封裹,至精至好且不奢。

至尊之余合王公,何事便到山人家。

柴门反关无俗客,纱帽龙头自煎吃。

碧云引风吹不断,白花浮光凝碗面。

一碗喉吻润。两碗破孤闷。

三碗搜枯肠,唯有文字五千卷。

四碗发轻汗,平生不平事,尽向毛孔散。

五碗肌骨清,六碗通仙灵。

七碗吃不得也,唯觉两腋习习清风生。

莲莱山,在何处?玉川子乘此清风欲归去。

山中群仙司下土，地位清高隔风雨。

安得知百万亿苍生命，堕在颠崖受辛苦。

便为谏议问苍生，到头合得苏息否？

这首诗由三部分构成。开头写孟谏议派人送来至精至好的新茶，本该是天子、王公才有的享受，如何竟到了山野人家，大有受宠若惊之感。中间叙述诗人反关柴门、自煎自饮的情景和饮茶的感受。一连吃了七碗，吃到第七碗时，觉得两腋生清风，飘飘欲仙。最后，忽然笔锋一转，为苍生请命，希望养尊处优的居上位者，在享受这至精至好的茶叶时，要知道它是茶农冒着生命危险，攀悬山崖峭壁采摘而来。可知卢仝写这首诗的本意，并不仅仅在夸说茶的神功奇效，其背后蕴含了诗人对茶农们的深刻同情。

卢仝的此诗细致地描写了饮茶的身心感受和心灵境界，特别是五碗茶肌骨俱清，六碗茶通仙灵，七碗茶得道成仙、羽化飞升，提高了饮茶的精神境界。所以此诗对饮茶风气的普及、茶文化的传播，起到推波助澜的作用。

刘禹锡（772－842），字梦得，被誉为"诗豪"。与柳宗元交好，并称"刘柳"，又与白居易常相唱和，并称"刘白"。其作《西山兰若试茶歌》：

山僧后檐茶数丛，春来映竹抽新茸。

宛然为客振衣起，自傍芳丛摘鹰嘴。

斯须炒成满室香，便酌沏下金沙水。

骤雨松风入鼎来，白云满盏花徘徊。

悠扬喷鼻宿醒散，清峭彻骨烦襟开。

阳崖阴岭各殊气，未若竹下莓苔地。

炎帝虽尝未辨煮，桐君有录那知味。

新芽连拳半未舒，自摘至煎俄顷馀。

木兰堕落花微似，瑶草临波色不如。

僧言灵味宜幽寂，采采翘英为佳客。

不辞缄封寄郡斋，砖井铜炉损标格。

何况蒙山顾渚春，白泥赤印走风尘。

欲知花乳清泠味，须是眠云跂石人。

作者到寺院里与僧人茶会，共试新茶。茶乃寺院所产，僧人旋摘、旋炒、旋煎。春茶抽茸，斯须炒成，用金沙泉水，入鼎后听聆水声如骤雨、松风之美，注碗后观赏茶沫如白云、流花，鼻闻茶香之悠扬、清峭，鉴察茶气阳崖、阴岭、竹下之别，品观茶叶新芽连拳，似木兰沾露，胜瑶草临波，赞美了茶的色香和超凡品格。此茶最具"幽寂"灵味、花乳清泠味，须是眠云跂石之人方能体会。

元稹(779－831)，字微之，与白居易同为早期新乐府运动倡导者，诗亦与白居易齐名，世称"元白"，号为"元和体"。其有一首独特的宝塔体诗——《茶》：

茶

香叶，嫩芽。

慕诗客，爱僧家。

碾雕白玉，罗织红纱。

铫煎黄蕊色，碗转曲尘花。

夜后邀陪明月，晨前命对朝霞。

洗尽古今人不倦，将至醉后岂堪夸。

在看似游戏的文字中，道出了茶的特性和功用。茶与诗客、僧家有着天然的缘分。因唐代煎茶须将茶碾碎、筛分，取末煎饮，故有白玉茶碾，红纱茶罗。茶铫里的茶汤色如黄花蕊，斟入茶碗，汤华浮面。唐人茶集多在夜晚或朝晨，而饮茶可消除疲倦，醉后醒酒。

皮日休(约834—约883)，字袭美，一字逸少，与陆龟蒙齐名，且酬唱颇多，时称"皮陆"。皮日休作《茶中杂咏》"十首五言古诗"，即茶坞、茶人、茶笋、茶籝、茶舍、茶灶、茶焙、茶鼎、茶瓯、煮茶。其在序中说："茶之事，由周至今，竟无纤遗矣。昔晋杜育有《荈赋》，季疵有《茶歌》，余缺然于怀者，谓有其具而不形于诗，亦季疵之余恨也。遂为十咏，寄天随子。"天随子为陆龟蒙(？—881)号，字鲁望，又号江湖散人、甫里先生，与皮日休为友，世称"皮陆"。陆龟蒙作《奉和袭美茶具十咏》，皮陆唱和组诗全面反映了唐代茶园、茶具、茶人和茶叶采摘、加工、煎煮等具体情况，留下珍贵的茶文化史料。

□ 皮日休像　　　　　　□ 陆龟蒙像

皮日休《茶瓯》：

邢客与越人，皆能造磁器。圆如月魂堕，轻如云魄起。

枣花势旋眼，频沫香沾齿。松下时一看，支公亦如此。

皮日休《煮茶》：

香泉一合乳，煎作连珠沸。时看蟹目溅，乍见鱼鳞起。

声疑松带雨，饽恐烟生翠。傥把沥中山，必无千日醉。

陆龟蒙《茶人》：

天赋识灵草，自然钟野趣。闲年北山下，似与东风期。

雨后探芳去，云间幽路危。唯应报春鸟，得共斯人知。

陆龟蒙《茶灶》：

无突抱轻岚，有烟映初旭。盈锅玉泉沸，满甑云芽熟。

奇香袭春桂，嫩色凌秋菊。炀者若吾徒，年年看不足。

茶能引发诗人的才思,因而备受诗人青睐。茶、诗相互促进,珠联璧合,相得益彰。茶诗的大量创作,对茶文化的传播和发展,有明显的促进作用,唐代茶诗作为一种文化现象的大量出现,对茶文化和诗本身的发展,起到了很大的推动作用。作为社会生活中一种新的内容或现象,其对诗词创作艺术的特点、风格,等等,也有一定的影响。

(二)茶事散文

散文是一个庞杂的体系,几乎凡不是韵文的作品都可以归入其中。唐代茶文琳琅满目,就体裁而言,有赋,如顾况《茶赋》等;序,吕温《三月三日茶宴序》等;传,如陆羽《陆文学自传》等;表,如柳宗元《代武中丞谢新茶表》等,状,如崔致远《谢新茶状》等。此外尚有许多记事、记人、写景、状物的叙事和抒情茶文。

顾况(约725—约814),字逋翁。曾官著作郎,后携家隐居润州延陵茅山,自号华阳真逸,作《茶赋》:

稽天地之不平兮,兰何为兮早秀,菊何为兮迟荣?皇天既孕此灵物兮,厚地复糅之而萌。惜下国之偏多,嗟上林之不生。如罗玳筵、展瑶席,凝藻思、开灵液、赐名臣、留上客,谷莺转、宫女嚬,泛浓华、漱芳津,出恒品、先众珍。君门九重、圣寿万春,此茶上达于天子也;滋饭蔬之精素,攻肉食之膻腻,发当暑之清吟,涤通宵之昏寐。杏树桃花之深洞,竹林草堂之古寺。乘槎海上来,飞锡云中至,此茶下被于幽人也。《雅》曰:"不知我者,谓我何求。"可怜翠涧阴,中有碧泉流。舒铁如金之鼎,越泥似玉之瓯。轻烟细沫霭然浮,爽气淡烟风雨秋。梦里还钱,怀中赠橘,虽神秘而焉求。

赋中赞颂茶乃造化孕育之灵物,极写茶的社会功用:上可达于天子,下可广被百姓,表示自己只想在翠荫下用舒州如金铁鼎(风炉)烹泉煎茶,用越州的似玉瓷瓯来品茶,在茶烟袅袅中消磨时光,并不指望像陈务妻子那样得到古冢茶魂的赠钱、像秦精那样得到毛人赠橘,抒发了作者隐逸山林、无为淡泊的情怀。

（三）茶事小说

唐代是中国小说发展的第一个高峰时期,此时的小说开始从志怪小说向轶事小说过渡,增强了纪实性。茶事小说也因此作品迭出,唐至五代茶事小说有数十篇,散见于刘肃的《大唐新语》、段成式的《酉阳杂俎》、苏鹗的《杜阳杂编》、王定保的《唐摭言》、冯贽的《云仙杂记》、王仁裕的《开元天宝遗事》、孙光宪的《北梦琐言》、佚名的《玉泉子》等集子中。除《酉阳杂俎》为志怪、传奇小说集外,其余均为轶事小说集。也就是说,唐五代茶事小说的主要内容是记人物言行和琐闻轶事,纪实性较强。

三、茶艺术初起

（一）茶事书画

现存最早的茶事书法是唐代僧人怀素的《苦笋帖》。这是一幅信札,其文曰:"苦笋及茗异常佳,乃可迳来。怀素上。"全帖虽只有十四个字,但通篇气韵生动,神采飞扬,从中也可以看出怀素对茶的喜爱。怀素在中国书法史上是以草书而闻名,与张旭齐名,有"颠张狂素"之称。但《苦笋帖》却是清逸多于狂诡,连绵的笔墨之中颇有几分古雅的意趣。

现存最早的茶画是初唐时期的阎立本的《萧翼赚兰亭图》,但此画是否为阎立本所作还有争议。唐太宗酷爱王羲之的字,为得不到兰亭序帖而遗憾。听说辨才和尚藏有兰亭序帖,便召见辨才,可是辨才推说不知下落。房玄龄向唐太宗推荐御史萧翼,说此人有谋,由他出面定能得到兰亭序帖。于是萧翼装扮成普通商人,带上王羲之杂贴几幅,接近辨才,并取得辨才信任。在谈论王羲之书

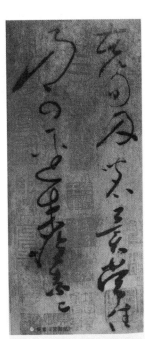

□ 怀素《苦笋帖》

法的过程中，辩才终于拿出了兰亭序帖。一天，趁辩才离寺，萧翼赚得兰亭序帖。画面中有五位人物，中间坐着一位和尚即辩才，对面为萧翼。左下有二人煮茶，一老仆人蹲在风炉旁，炉上置一锅，锅中水已煮沸，末茶刚投下，老仆手持"茶夹"搅动"茶汤"，一童子弯腰，手持茶盘，小心翼翼地等待酌茶。矮几上，放置着其他茶碗、茶罐等用具。这幅画不仅记载了古代僧人以茶待客的史实，而且再现了唐代煎饮茶所用的器具及方法。

□ 阎立本《萧翼赚兰亭图》

　　盛唐时周昉的《调琴啜茗图》，以工笔重彩描绘了唐代宫廷贵妇品茗听琴的悠闲生活。画中描绘五个女性，中间三人系贵族妇女，一人抚琴，二人倾听。一女坐在磐石上，正在调琴；另一红衣女坐在圆凳上，背向外，注视着抚琴者，执盏作欲饮之态。另一白衣女坐在椅子上，袖手侧身听琴。左侧立一侍女，手托木盘，另一侍女捧茶碗立于右侧。画以"调琴"为重点，但茶饮也相当引人注目。画中有小树两株，大石一块，说明场景是在室外。画中贵族仕女曲眉丰颊、雍容自若、秾丽多态，反映了唐代尚丰肥的审美趣味，从画中仕女听琴品茗的姿态也可看出唐代贵族悠闲生活的一个侧面。饮茶与听琴集于一画，说明了饮茶在当时的文化生活中已有相当重要的地位。

□ 周昉《调琴啜茗图》

《宫乐图》，作者不详。此画描绘唐代宫廷仕女聚会饮茶的热闹场面。长案中置一大盆形容器(茶铛)盛茶汤，中置一长柄汤勺，四周有若干茶碗。图中十二人，或坐或立、或向或背、或正或侧于条案四周，一仕女正以长柄勺酌分茶汤，另有正在啜茗者，也有弹琴、吹箫者，有执纨扇者，神态生动，描绘细腻。该画也表明茶饮在当时已与上流社会以及高雅艺术紧密结合。

□ 无名氏《宫乐图》

除上面介绍的唐代茶画外，见于著录的，尚有唐代周昉的《烹茶图》、《烹茶仕女图》，张萱的《烹茶仕女图》、《煎茶图》，杨升的《烹茶仕女图》，五代王齐翰的《陆羽煎茶图》和陆晃的《火龙烹茶》、《烹茶图》等。

(二)茶歌舞

茶歌是以茶事为歌咏内容的山歌、民歌。中国的茶歌，历史悠久。茶歌从何而始？已无法稽考。在中国古代，如《尔雅》所说"声比于琴瑟曰歌"，《韩诗章句》所称"有章曲曰歌"，只要配以章曲，声如琴瑟，则诗词也可歌了。从皮日休《茶中杂咏序》"昔晋杜育有荈赋，季疵有茶歌"的记述中，可知最早的茶歌，是唐代陆羽的《茶歌》，但是很可惜，这首茶歌也早已散佚。不过，有关唐代的茶歌，还能找到如皎然《饮茶歌诮崔石使君》和《饮茶歌送郑容》、刘禹锡《西山兰若试茶歌》、温庭筠《西陵道士茶歌》等。

"歌之不足，舞之蹈之"，表现茶事的舞蹈就是茶舞。茶舞往往与茶歌配合而载歌载舞，也可独立表演。唐代杜牧《题茶山》诗中就有"舞袖岚侵涧，歌声谷答回"，说明当时采茶姑娘有在茶山载歌载舞的情景。

四、茶书的初创

茶书的撰著肇始于唐，唐和五代的茶书，现存完整的有陆羽《茶经》、张又新《煎茶水记》、苏廙《十六汤品》，部分存文的有裴汶《茶述》、温庭筠《采茶录》、毛文锡《茶谱》，已佚的有皎然《茶诀》、陆龟蒙《品第书》。

陆羽(733—804)，一名疾，字鸿渐，又字季疵，号桑苎翁、竟陵子、东冈子，复州竟陵县（今湖北天门市）人。幼遭遗弃，竟陵龙盖寺智积和尚将其收养。一生坎坷，居无定所，闲云野鹤，四海为家。交友广泛，"天下贤士大夫，半与之游"，诸如李齐物、崔国辅、皎然、皇甫冉、皇甫曾、刘长卿、戴叔伦、颜真卿、张志和、李冶、怀素、灵澈、孟郊、权德舆等，陆羽都曾与其来往。"上元初，结庐于苕溪之滨，闭关对书，不杂非类，名僧高士，谈燕永日"（《全唐文·陆文学自传》）。"上元初，更隐苕溪。自称桑苎翁，阖门着书，或独行野中，诵诗击木，徘徊不得意，或恸哭而归，故时谓今之接舆也。"（《新唐书·陆羽传》）。

□陆羽像

陆羽终生未娶，孑然一身，执著于茶的研究，用心血和汗水铸成不朽之

《茶经》。《茶经》三卷,分一之源、二之具、三之造、四之器、五之煮、六之饮、七之事、八之出、九之略、十之图十章。在人类历史上首次全面记载了茶叶知识,标志着传统茶学的形成。

一之源章论述茶树的起源、名称、品质,介绍茶树的形态特征、茶叶品质与土壤环境的关系,以及栽培方法、饮茶的保健功能等。

二之具章介绍茶叶采制用具,详细介绍了采制饼茶所需的十九种工具名称、规格和使用方法。

三之造章介绍饼茶采制工艺和成品茶饼的外貌及等级以及鉴别方法。叙述了制造饼茶的六道工序:蒸熟、捣碎、入模拍压成形、焙干、穿成串、封装,"蒸之,捣之,拍之,焙之,穿之,封之,茶之干矣"。将饼茶按外形的匀整和色泽分为八个等级。

四之器章是介绍煎茶、饮茶的器具,详细叙述了各种茶具的名称、形状、用材、规格、制作方法、用途,以及各地茶具的优劣。

五之煮章写煎茶的方法,叙述烤茶的方法、茶汤的调制、煎茶的燃料、煎茶用水和煎茶火候、水沸程度对茶汤色香味的影响。

六之饮章讲饮茶风俗,叙述饮茶风尚的起源、传播和饮茶的方式方法。

七之事章记录了陆羽之前的有关茶的历史资料、传说、掌故、诗词、杂文、药方等,虽有少数遗漏,但也难能可贵。

八之出章叙说唐代茶叶的产地和品质高低,将唐代全国茶叶生产区域划分八大茶区,每一茶区出产的茶叶按品质分上、中、下、又下四级。

九之略章说在某些实际情形下,茶叶加工的程序、加工的工具、煎茶的程序和器具,特殊情况下,可以酌情省略。

十之图是说用白绢四幅或六幅,将上述九章的内容写出,张挂四周,随时观看,《茶经》内容就可一目了然。

陆羽在《茶经》中总结了到盛唐为止的中国茶学,以其完备的体例囊括了茶叶从物质到文化、从技术到历史的各个方面。陆羽《茶经》的问世,奠定了中国古典茶学的基本构架,创建了一个较为完整的茶学体系,它是古代茶叶百科全书。

张又新《煎茶水记》主要叙述茶汤品质与宜茶用水的关系,着重于品水。全文仅九百五十字,首述已故刑部侍郎刘伯刍"较水之与茶宜者凡七等",以扬子江南零水第一,无锡惠山寺石水第二。张又新在出任永嘉刺史赴任道上,过桐庐江,至严子濑,取水煎茶试之,认为其水超过扬子江南零水。到了永嘉,取仙岩瀑布水煎茶试之,亦与南零水不相上下。文中又记陆羽评水,以"楚水第一,晋水最下"。陆羽以庐山康王谷水帘水第一,无锡县惠山寺石泉水第二,扬子江南零水第七,桐庐严陵滩水第十九,雪水第二十。"夫烹茶于所产处,无不佳也,盖水土之宜。离其处,水功其半。然善烹洁器,全其功也。"张又新认为用当地的水煎当地的茶,没有不好的。茶离开本地,就要选择好水以煎出好茶。如果善于烹煎,器具清洁,也可煎出好茶来。张又新此言确是经验之谈。

唐末五代毛文锡《茶谱》是一部重要茶书。《茶谱》发挥陆羽《茶经·八之出》,对全国各地唐末五代时产茶地点、茶名、重量、制法、特点,等等,记述得很清楚。其一,所记茶产地,仅《茶谱》佚文就涉及七道三十四州产茶的情况,其中涪、渠、扬、池、洪、虔、谭、梓、渝、容十州,为《茶经·八之出》所未及,可知中唐以后，茶产地又有所扩大；其二，从《茶谱》不难看出，其较之陆羽《茶经》所反映的制茶技术，又要前进一步。《茶谱》不仅记录了各地形制和大小不一的团茶或饼茶，而且也记录了高档散茶。如眉州、蜀州皆产散茶，著名的有片甲（茶叶相抱如片甲）、蝉翼（叶嫩薄如蝉翼）；其三，对各地茶的味性记述很具体，如"眉州……其散者，叶大而黄，味颇甘苦"，"临邛数邑茶，有火前、火后、嫩绿、黄芽号。……其味甘苦"，"潭邵之间有渠江，中有茶……其色如铁，而芳香异常，烹之无滓也"，"婺州有举岩茶，斤片方细，所出虽少，味极甘芳，煎如碧乳也"，"扬州禅智寺，隋之故宫，寺枕蜀冈，有茶园，其味甘香如蒙顶也"；其四，记录了各地的名茶，弥足珍贵。

唐末五代苏廙《十六汤品》也是一部独特而有价值的茶书，该书首标"汤者，茶之司命，若名茶而滥汤，则与凡末同调矣"，可谓至理之言，上承陆羽，下启蔡襄。所谓"十六汤品"，乃"煎以老嫩者凡三品，注以缓急言者凡三品，以器标者共五品，以薪论者共五品"，共计十六品。《十六汤品》对取火、候汤、点茶、注汤技要和禁忌等作了形象生动的阐述，弥补了中国历史上取火汤类茶书的空白，为点茶的代表之作，在中国茶艺、茶道及茶文化史上有着不可或缺的价值。

唐代，茶文学兴盛，茶艺术的初起，茶馆、茶会产生。茶具独立发展，越窑、邢窑南北辉映。唐代文化发达，宗教兴盛，特别是陆羽《茶经》的问世，终于使得茶文化在唐代成立，并在中晚唐形成了中国茶文化的第一个高峰。🫖

第章

茶文化的发展

中 国 茶 文 化

第一节　宋元茶文化

宋代茶叶生产继续发展,市场体系得到完善,茶叶产区继续拓展,茶叶产量有很大提高。辽、金国控制的有些地区也有茶叶生产。宋与日本、高丽等亚洲国家的茶叶贸易不断。

宋代出现了许多名茶。除建安北苑贡茶外,散茶主要有绍兴日铸茶、洪州双井茶等名茶。元代茶叶生产在宋代的基础上有所发展。

一、斗茶、分茶和茶会

宋代承唐代饮茶之风,日益繁盛。梅尧臣《南有嘉茗赋》云:"华夷蛮貊,固日饮而无厌;富贵贫贱,匪时啜而不宁。"李觏《盱江集》卷十六"定国策十"载:"君子小人靡不嗜也,富贵贫贱靡不用也。"吴自牧《梦粱录》卷十六"鳌铺"载:"盖人家每日不可阙者,柴米油盐酱醋茶。"自宋代始,茶就成为开门"七件事"之一。

(一)斗茶兴起

"斗茶"又称"茗战",以盏面水痕先现者为负,耐久者为胜。每到新茶上市时节,竞相斗试,成为宋代一时风尚。赵佶《大观茶论》说:"天下之士励志清白,竞为闲暇修索之玩,莫不碎玉锵金,啜英咀华,较筐箧之精,争鉴裁之别。"范仲淹《和章岷从事斗茶歌》,对当时盛行的斗茶活动,做了精彩生动的描述:"斗茶味兮轻醍醐,斗茶香兮薄兰芷。其间品第胡能欺,十目视而十手指。胜若登仙不可攀,输同降将无穷耻。"

唐庚《斗茶记》有"政和三年三月壬戌,二三君子相与斗茶于寄傲斋,予为取龙塘水烹之而第其品",南宋刘松年作有《斗茶图》、《茗园赌市图》,反映了当时斗茶风气之盛。

□ 刘松年《茗园赌市图》

（二）分茶兴起

分茶，是一种建立在点茶基础上的技艺性游戏，通过技巧使茶盏面上的汤纹水脉幻变出各式图案来，若山水云雾，状花鸟虫鱼，类画图，如书法，所以又称茶百戏、水丹青。

五代宋初陶谷《荈茗录》"生成盏"："沙门福全生于金乡，长于茶海，能注汤幻茶，成一句诗。并点四瓯，共一绝句，泛乎汤表。"其"茶百戏"："近世有下汤运匕，别施妙诀，使汤纹水脉成物象者，禽兽虫鱼花草之属，纤巧如画。"

南宋杨万里《澹庵坐上观显上人分茶》对分茶有生动描写："分茶何似煎茶好，煎茶不似分茶巧。蒸水老禅弄泉手，隆兴元春新玉爪。二者相遭兔瓯面，怪怪奇奇真善幻。纷如擘絮行太空，影落寒江能万变。银瓶首下仍尻高，注汤作字势嫖姚。"此外，陆游有"矮纸斜行闲作草，晴窗细乳戏分茶"（《临安春雨初霁》），李清照"病起萧萧两鬓华，卧看残月上窗纱。豆蔻连梢煎熟水，莫分茶"（《摊破浣溪沙·莫分茶》）。分茶风行于宋代文人士大夫间。

（三）茶会流行

宋代最著名的茶会是斗茶会，它起源于福建建安北苑贡茶选送的评比，后来民间和朝中上下皆效法。

文人茶会是宋代茶会的主流。宋徽宗赵佶《文会图》描绘的是文人集会的场面，茶是其中不可缺少的内容，因此，称其为文人茶会也不为过。在南宋刘松年《撵茶图》中，左前方一人骑坐在矮几上磨茶。另一人站立桌边，提着汤瓶在大茶瓯中点茶。右侧有三人,一僧伏案执笔作书,一人相对而坐,似在观赏,另一人坐其旁,双手展卷,而眼神却在欣赏僧人作书。品茶、挥翰、赏画,属于文人雅士茶会。

□ 刘松年《撵茶图》

肇始于唐代的佛门茶会,在宋代仪规完整,更加威仪庄严。在宋代宗赜《禅苑清规》中,对于在什么时间吃茶,以及其前后的礼请、茶汤会的准备工作、座位的安排、主客的礼仪、烧香的仪式等,都有清楚细致的规定。其中,礼仪最为隆重的当数冬夏两节(结夏、解夏、冬至、新年)的茶汤会,以及任免寺务人员的"执事茶汤会"。

宋代寺院茶会中最为著名的是径山寺茶会。径山泉清茗香,饮茶之风很盛,经常举办茶会活动。径山饮茶风俗相沿数百年,逐渐形成了一套程序化的"茶会"礼法,成为佛教茶礼的代表。

二、茶馆初盛和茶具发展

(一)茶馆的初盛

至宋代,便进入了中国茶馆的兴盛时期。这是因为宋代的商品经济、城市经济比唐代有了进一步的发展。大量的人口涌进城市,茶馆应运而兴。张择端的名画《清明上河图》生动地描绘了北宋首都汴梁城(今开封市)繁盛的景象,再现了万商云集、百业兴旺的情形,画中不乏茶馆。从孟元老的《东京华梦录》的记载可以看到汴梁茶肆的兴盛,在皇宫附近的朱雀门外街巷南面的道路东西两旁,"皆民居或茶坊。街心市井,至夜尤盛。""东十字大街曰从行裹角,茶坊每五更点灯,博易买卖衣服、图画、花环、领抹之类,至晚即散,谓之鬼市子……归曹门街,北山于茶坊内,有仙洞、仙桥,仕女往往夜游吃茶于彼。"

南宋偏安江南一隅,定都临安(今杭州市),统治阶级的骄奢、享乐、安逸的生活使杭州的茶馆业更加兴旺发达起来。吴自牧《梦粱录》卷十六"茶肆"记:"今之茶肆,列花架,安顿奇松异桧等物于其上,装饰店面,敲打响盏歌卖,止用瓷盏漆托供卖,则无银盂物也。夜市于大街有东担设浮铺,点茶汤以便游玩观之人。大凡茶楼多有富室子弟,诸司下直等人会聚,司学乐器、上教曲赚之类,谓之'挂牌儿'。人情茶肆,本非以点茶汤为业,但将此为由,多觅茶金耳。又有茶肆专是王奴打聚处,亦有诸行借买志人会聚行老,谓之'市头'。大街有三五家靠茶肆,楼上专安着妓女,名曰'夜茶坊'……非君子驻足之地也。更有张卖店隔壁黄尖嘴蹴球茶坊,又中瓦内王妈妈家茶肆名一窟茶坊,大街车儿茶肆、将检阅茶肆,皆士大夫期明约友会聚之处。巷陌街坊,自有提茶瓶沿门点茶,或朔望日,如遇吉凶二事,点送邻里茶水,倩其往来传语。又有一等街司衙兵百司人,以茶水点送门面铺席,乞觅钱物,谓之'龊茶'。僧道头陀欲行题注,先以茶水沿门点送,以为进身之阶。"临安茶肆林立,不仅有人情茶肆、花茶坊,夜市还有浮铺点茶汤以便游观之人。有提茶瓶沿门点茶,有以茶水点送门面铺席,僧道头陀以茶水沿门点送以为进身之阶。茶馆在社会中扮演着重要角色。

宋代茶肆已讲究经营策略,为了招徕生意,留住顾客,他们常对茶肆作精心的布置装饰。茶肆装饰不仅是为了美化饮茶环境,增添饮茶乐趣,也与宋人好品茶赏画的特点分不开。茶肆根据不同的季节卖不同的茶水,一般是冬天卖七宝擂茶、撒子、葱茶,或卖盐豉汤,夏天增卖雪泡梅花酒,花色品种颇多。宋代茶肆种类繁多,行业分工也越来越细。出入茶肆的人三教九流,除了一般的官员、贵族、商人、市民等,还有几种特殊的茶客,还有娼妓、皮条客。宋时茶馆具有很多特殊的功能,如供人们喝茶聊天、品尝小吃、谈生意、做买卖,进行各种演艺活动、行业聚会等。

(二)茶具的发展

宋代饮茶是用一种广口圈足的茶盏,釉色有黑釉、酱釉、青釉、白釉和青白釉等,但黑釉盏最受偏爱,这与当时"斗茶"风尚的流行有关。因为用茶筅击拂使得茶汤表面浮起一层白色的乳沫,白色的乳沫和黑色的茶盏泾渭分明,容易勘验,最为适宜"斗茶"。因此黑釉盏的烧制盛极一时,南北瓷窑几乎无不烧制。全国各地出现了不少专烧黑釉盏的瓷窑,分布于江西、河南、河北、山西、四川、广东、福建等地,其中以福建建阳窑和江西吉州窑所产之黑釉盏最为著名。

宋代兴起的青白釉,以江西景德镇窑产品为代表,具有独特的风格。其釉色介于青、白两色之间,硬度、薄度和透明度等都达到了现代硬瓷的标准,代表了宋代瓷器的烧造水平,特别是采用覆烧法之后,产量倍增。青白瓷产地广,生产的茶具种类、式样也相当丰富。

宋代罗大经《鹤林玉露》说:"近世瀹茶,鲜以鼎镬,用瓶煮水",煮水由锅釜改为汤瓶。从宋代的文献记载和绘画中我们可以了解汤瓶形制,如刘松年的《撵茶图》《斗茶图》《茗园赌市图》中绘出了煮水之汤瓶,其形状呈喇叭形口、高颈、溜肩、腹下渐收,肩部分别置管状曲流和曲形执柄。宋代的汤瓶,南北瓷窑都普遍烧造,其颈、流、把都改为修长形,腹为长腹或瓜棱形圆腹,式样较前代多。尤其是瓜棱形汤瓶,在宋代瓷中比较多见,其形体多变,有仿金银器式样烧制的,肩一侧置弯曲流,另一侧塑扁带式曲柄,以景德镇制品最精。

元代茶具以青白釉居多,黑釉盏显著减少,茶盏釉色由黑色开始向白色过渡。色彩斑斓的钧窑天蓝釉盏、釉色匀净滋润的枢府窑盏、轻盈秀巧的青白釉月映梅枝纹盏以及青花缠枝菊纹小盏等,都是这一时期的主要茶具。高足杯是元、明瓷器中最流行的器型。元代除景德镇烧制的青花器与枢府器外，浙江龙泉窑、福建德化窑、河南钧窑、河北磁州窑与山西霍县窑等都生产这类杯式，款式差别不大，典型式样为口微侈，近底处较丰满，承以竹节式高足。

三、点茶道的形成与流行

点茶法源于煎茶法，是对煎茶法的改革。煎茶是在镀（铛、铫）中进行，待水二沸时下茶末，三沸时煎茶成，用瓢舀到茶碗中饮用。由此想到，既然煎茶是以茶入沸水（水沸后下茶），那么沸水入茶（先置茶后加沸水）也应该可行，于是发明了点茶法。因用沸水点茶，水温是渐低的，故而将茶碾成极细的茶粉（煎茶用碎茶末），又预先将茶盏烤热（熁盏令热）。点茶时先注汤少许，调成膏稠状（调膏）。煎茶的竹夹演化为茶笼，改在盏中搅拌，但称"击拂"。为便于注水，发明了高肩长流的煮水器——汤瓶。

陶谷《荈茗录》"生成盏"、"茶百戏"条所记分茶，无疑是以点茶为基础的。"漏影春法用镂纸贴盏……沸汤点搅。"生成盏、茶百戏、漏影春均是点茶的附属。

陶谷历仕晋、汉、周、宋，《荈茗录》原为陶谷《清异录·茗荈部》中的一部分，另一部分便是《十六汤品》。从《茗荈录》所记内容来看，均为晚唐、五代、宋初间的茶事。《清异录》是一种笔记，逐年积累，可能记到陶谷逝世前。《荈茗录》约写定于宋开宝（968－970）初，据此，点茶法约源起于唐末五代。

另外，《十六汤品》第四中汤条有"注汤缓急则茶败"，第五断脉汤条有"茶已就膏，宜以造化成形，若手颤臂亸，惟恐其深瓶嘴之端，若存若亡，汤不顺通，茶不匀粹"。第六大壮汤条有"且一瓯之茗，多不二钱，茗盏量合宜，下汤不过六分，万一快泻而深积之，茶安在哉？"是说点茶之时，先注少量汤入盏，令茶末调匀。继之注汤入盏，不能快泻，也不能若存若亡，应不缓不急，一气呵成。《十六汤品》对汤器、薪火、候汤、点茶注汤技要、禁忌等作了准确生动的阐述。而《十六汤品》又为陶谷《清异录·茗荈部》所引，其成书当不晚于五代。由《十六汤品》也可知，点茶法的形成不晚于五代。

现据蔡襄《茶录》和赵佶《大观茶论》，归纳点茶的程序有备器、择水、取火、候汤、熁盏、洗茶、炙茶、碾磨罗、点茶、品茶等。

备器：点茶法的主要器具有风炉、汤瓶、茶碾、茶磨、茶罗、茶盏、茶匙、茶筅等，崇尚建窑黑釉茶盏。

候汤："候汤最难，未熟则沫浮，过熟则茶沉。"（《茶录·候汤》）"汤以蟹目鱼眼连绎迸跃为度。"（《大观茶论·水》）风炉形如古鼎，也有用火盆及其他炉灶代替的。煮水用汤瓶，汤瓶细口、长流、有柄。瓶小易候汤，且点茶注汤有准。

□ 蔡襄《茶录》

熁盏：点茶前先熁盏，即用火烤盏或用沸水烫盏，盏冷则茶沫不浮。

洗茶：用热水浸泡团茶，去其尘垢冷气，并刮去表面的油膏。

炙茶：以微火将团茶炙干，若当年新茶则不需炙烤。

碾、磨、罗茶：炙烤好的茶用纸密裹捶碎，然后入碾碾碎，继之用磨（碾、砣）磨成粉，再用罗筛去末。若是散、末茶则直接碾、磨、罗，不用洗、炙。煎茶用茶末，点茶则用茶粉。

点茶：用茶匙抄茶入盏，先注少许水调令均匀，谓之"调膏"。继之量茶受汤，边注汤边用茶筅"击拂"。"乳雾汹涌，周回凝而不动，谓之咬盏。"（《大观茶论·点》）"视其面色鲜白，著盏无水痕为绝佳。建安斗试以水痕先者为负，耐久者为胜。"（《茶录·点茶》）点茶之色以纯白为上，青白次之，灰白、黄白又次。茶汤在盏中以四至六分为宜，茶少汤多则云脚散，汤少茶多则粥面聚。

品茶：点茶一般是在茶盏里直接点，不加任何佐料，直接持盏饮用。若人多，也可在大茶瓯中点好茶，再分到小茶盏里品饮。

点茶道形成于五代宋初，流行于两宋时期，鼎盛于北宋徽宗朝。宋徽宗《大观茶论》序曰："本朝之兴，岁修建溪之贡，尤团凤饼，名冠天下，而壑源之品，亦自此而盛。延及于今，百废俱举，海内晏然，垂拱密勿，幸致无为。缙绅之士，韦布之流，沐浴膏泽，熏陶德化，盛以雅尚相推，从事茗饮，故近岁以来，采择之精，制作之工，品第之胜，烹点之妙，莫不盛造其极。……虽下士于此

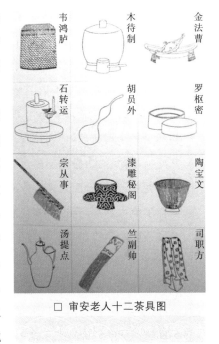

韦鸿庐　木待制　金法曹
石转运　胡员外　罗枢密
宗从事　漆雕秘阁　陶宝文
汤提点　竺副帅　司职方

□ 审安老人十二茶具图

时，不以蓄茶为羞，可谓盛世之清尚也。"蔡京《保和殿曲宴记》："上亲御撖注，赐出乳花盈面。"《延福宫曲宴记》："上命近侍取茶具，亲手注汤击沸。少顷、白乳浮盏，而如疏星淡月。"宋徽宗撰著茶书，倡导茶道，精于点茶，有力地推动了点茶道在宋代的广泛流行。

从河北宣化辽墓壁画来看，北方辽国也风行点茶。耶律楚材《西域从王君玉乞茶》诗有"碧玉瓯中思雪浪，黄金碾畔忆雷芽"、"黄金小碾飞琼雪，碧玉深瓯点雪芽"，点茶同样流行于金元国。

四、茶文学的拓展

（一）茶诗

宋代茶诗在唐代基础上继续发展。如北宋初期的王禹偁，中期的梅尧臣、范仲淹、欧阳修、蔡襄、王安石，后期的苏轼、黄庭坚、秦观，南宋的陆游、范成

大、杨万里等，都留下了脍炙人口的茶诗。陆游有茶诗300多首，苏轼的茶诗词有70余篇，范仲淹的《斗茶歌》可以与卢仝的《七碗茶歌》相媲美，其他如丁谓、曾巩、曾几、周必大、苏辙、文同、米芾、赵佶、朱熹、陈襄、方岳、杜耒等都留下茶诗佳作。宋代茶诗题材丰富，形式多样，堪与唐代争雄。

王禹偁（954—1001），字元之，官至翰林学士，其作《龙凤茶》：

样标龙凤号题新，赐得还因作近臣。

烹处岂期商岭水，碾时空想建溪春。

香于九畹芳兰气，圆如三秋皓月轮。

爱惜不尝惟恐尽，除将供养白头亲。

龙凤茶即产于福建建安北苑的龙团凤饼贡茶，本归皇室享用，只有亲近大臣偶尔才蒙皇帝赐予。王禹偁获赐，高兴地写下了这首诗。此茶珍贵，香比芳兰，圆如秋月，自己还舍不得尝，留着供养父母。

范仲淹（989—1052），字希文。是北宋著名的政治家、文学家。他有一首堪与卢仝《走笔谢孟谏议寄新茶》相媲美的茶诗《和章岷从事斗茶歌》，对当时盛行的斗茶活动，做了精彩生动的描述。

年年春自东南来，建溪先暖冰微开。

溪边奇茗冠天下，武夷仙人从古栽。

新雷昨夜发何处，家家嬉笑穿云去。

露芽错落一番荣，缀玉含珠散嘉树。

终朝采掇未盈襜，唯求精粹不敢贪。

研膏焙乳有雅制，方中圭兮圆中蟾。

北苑将期献天子，林下雄豪先斗美。

鼎磨云外首山铜，瓶携江上中泠水。

黄金碾畔绿尘飞，紫玉瓯中翠涛起。

斗茶味兮轻醍醐，斗茶香兮薄兰芷。

其间品第胡能欺，十目视而十手指。

胜若登仙不可攀，输同降将无穷耻。

吁嗟天产石上英，论功不愧阶前蓂。

众人之浊我可清，千日之醉我可醒。

屈原试与招魂魄，刘令却得闻雷霆。

卢仝敢不歌，陆羽须作经。

森然万象中，焉知无茶星。

商山丈人休茹芝，首阳先生休采薇。

长安酒价减百万，成都药市无光辉。

不如仙山一啜好，泠然便欲乘风飞。

君莫羡花间女郎只斗草，赢得珠玑满斗归。

全诗的内容分三部分。开头写茶的生长环境及采制过程，并指出建茶的悠久历史。中间部分描写热烈的斗茶场面，斗茶包括斗色、斗味和斗香，比斗是在众目睽睽之下进行，所以茶的品第高低，都有公正的评价。因此，胜者得意非常，败者觉得耻辱。结尾多用典故，烘托茶的神奇功效，把对茶的赞美推向了高潮，认为茶胜过任何酒、药，啜饮令人飘然登仙、乘风飞升。

梅尧臣（1002—1060），字圣俞，被后人尊为宋诗的"开山祖师"。嗜茶，有茶诗数十首，曾与欧阳修、梅公仪等诗茶唱和，如其《尝茶和公

□梅尧臣像

仪》：

都篮携具上都堂，碾破云团北焙香。

汤嫩水清花不散，口甘神爽味偏长。

莫夸李白仙人掌，且作卢仝走笔章。

亦欲清风生两腋，从教吹去月轮旁。

提着都篮，携具上堂，碾碎的建安团茶散发缕缕茶香。水清汤嫩，乳花凝盏，甘爽味长。且不要夸赞李白的仙人掌茶，饮了建安茶一定会像卢仝那样走笔作歌，亦有两腋风生、飞上月宫的感觉。

欧阳修（1007－1072），字永叔，自号醉翁，晚号六一居士，是北宋著名的文学家、史学家、政治家。作茶诗数首，虽少而精。有一次，黄庭坚给他寄去一些自己家乡江西修水出产的"双井茶"，而欧阳修是江西永丰人，也算是家乡的茶，所以特地写了《双井茶》诗：

西江水清江石老，石上生茶如凤爪。

穷腊不寒春气早，双井茅生先百草。

白毛囊以红碧纱，十斤茶养一两芽。

长安富贵五侯家，一啜尤须三日夸。

宝云日注非不精，争新弃旧世人情。

岂知君子有常德，至宝不随时变易。

君不见建溪龙凤团，不改旧时香味色。

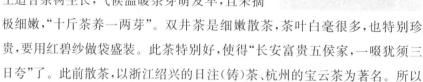

欧阳修在此诗中对双井茶作了高度评价，他认为双井茶的品质之所以好，是因为当地水土适合茶树生长，气候温暖茶芽萌发早，且采摘极细嫩，"十斤茶养一两芽"。双井茶是细嫩散茶，茶叶白毫很多，也特别珍贵，要用红碧纱做袋盛装。此茶特别好，使得"长安富贵五侯家，一啜犹须三日夸"了。此前散茶，以浙江绍兴的日注（铸）茶、杭州的宝云茶为著名。所以说，非是日注、宝云茶不精，而是世人总是喜新厌旧追求新品，爱上双井茶。最后提醒双井茶要像君子一样有常德，不能随时变易，而且要像建安龙凤团茶那样，保持香色味，经得起时间的检验。

欧阳修不仅赞美双井散茶，对建安团茶也赞不绝口。在《和梅公仪尝建茶》中称"摘处两旗香可爱，贡来双凤品尤精"，"喜共紫瓯吟且酌，羡君潇洒有余清"。在《尝新茶呈圣俞》中生动地描写了建茶的采制过程。他在《尝新茶呈圣俞次韵再作》，称"吾年向老世味薄，所好未衰惟饮茶"，表示一生爱茶，至老不变。

苏轼（1037－1101）字子瞻，号东坡居士。他在文学的各个方面都有杰出成就。在散文上与欧阳修并称"欧、苏"，为唐宋八大家之一；诗与黄庭坚并称"苏黄"，开宋诗新风；词与辛弃疾并称"苏、辛"，为豪放派代表。苏轼对茶叶生产和茶事活动非常熟悉，精通茶道，具有广博的茶叶历史文化知识。他的茶诗不仅数量多，佳作名篇也多，如《试院煎茶》：

□ 苏轼像

　　蟹眼已过鱼眼生，飕飕欲作松风鸣。

　　蒙茸出磨细珠落，眩转绕瓯飞雪轻。

　　银瓶泻汤夸第二，未识古人煎水意。

　　君不见昔时李生好客手自煎，贵从活火发新泉。

　　又不见今时潞公煎茶学西蜀，定州花瓷琢红玉。

　　我今贫病长苦饥，分无玉碗捧蛾眉。

　　且学公家作茗饮，砖炉石铫行相随。

　　不用撑肠拄腹文字五千卷，

　　但愿一瓯常及睡足日高时。

这首诗是描写在考试院煎茶（点茶）的情景。首写汤瓶里发出像松风一样的飕飕声,应是瓶里的水煮得气泡过了蟹眼成了鱼眼一般大小。宋代点茶用茶粉,所以茶不仅要碾,还要磨。因此,磨出来的蒙茸茶粉像细珠一样飞落。宋代点茶,将茶粉置茶盏,用茶筅击拂搅拌,使盏面形成一层白色乳沫。因此,茶粉在茶筅的击拂下在盏中旋转,形成的乳沫像飞雪般轻盈。不知古人为何崇尚用金瓶煮水而视银瓶为第二?昔时唐代李约非常好客,亲自煎茶,强调要用有火焰的炭火来煮新鲜的泉水。今朝潞国公(文彦博)煎茶却学习西蜀的方法,取用河北定窑产的色如红玉且绘有花纹的瓷瓯。我如今是贫病交加,也没有伺女来为我端茶。姑且用砖炉石铫来煮水煎茶。不想有卢仝"三碗搜枯肠,惟有文字五千卷"那样的灵感,但愿每日有一瓯茶,能安稳地睡到日头高升才醒来。

熙宁六年(1073年),苏轼在杭州任通判时,一日以病告假,独游湖上净慈、南屏、惠昭、小昭庆诸寺,是晚又到孤山去谒惠勤禅师,写下一首《游诸佛舍,一日饮酽茶七盏,戏书勤师壁》:

示病维摩元不病,在家灵运已忘家。

何须魏帝一丸药,且尽卢仝七碗茶。

昔魏文帝曹丕曾赋《游仙诗》:"与我一丸药,光曜有五色。服药四五日,胸臆生羽翼。"苏轼却认为卢仝的"七碗茶"更胜于魏文帝的"一丸药"。

谈苏轼的茶诗,不能不提到他的《次韵曹辅寄壑源试焙新茶》:

仙山灵草湿行云,洗遍香肌粉末匀,

明月来投玉川子,清风吹破武林春。

要知玉雪心肠好,不是膏油首面新;

戏作小诗君勿笑,从来佳茗似佳人。

作为仙山灵草的壑源茶树,为云雾所滋润。壑源在北苑旁,北苑产贡茶归皇室,壑源茶堪与北苑茶媲美,因非作贡,士大夫可享用。其制法与北苑茶一样,茶芽采下要用清水淋洗,然后蒸,蒸过再用冷水淋洗,然后入榨去汁,再研磨成末,入型模拍压成团、成饼,饰以花纹,涂以膏油饰面,烘干装箱。因加工中有淋洗和研末,所以称"洗遍香肌粉末匀"。"明月"是团饼茶的借代,"玉川子(卢仝)"是作者的自称,喻指曹辅寄来壑源试焙的像明月一样的圆形团饼新茶给作者。因杭州有武林山,武林也就成为杭州的别称,而此时苏轼正在杭州太守任上。作者饮了此茶后不觉清风生两腋,从而感到杭州的春意。研末的茶芽如玉似雪,心肠则指茶叶的内在品质,颔联是说壑源茶内在品质很好,不是靠涂膏油而使茶表面上新鲜。香肌、粉匀、玉雪、心肠、膏油、首面,似写佳人。最后,作者画龙点睛,将佳茗比作佳人。两者共同之处在于都是天生丽质,不事表面装饰,内质优异。这句诗与诗人另一首诗中"欲把西湖比西子,淡妆浓抹总相宜"之句有异曲同工之妙。

黄庭坚(1045-1105),字鲁直,号山谷道人,晚号涪翁,善诗词,开创江西诗派。作茶诗数十首,其《双井茶送子瞻》:

> 人间风日不到处,天上玉堂森宝书。
>
> 想见东坡旧居士,挥毫百斛泻明珠。
>
> 我家江南摘云腴,落硙霏霏雪不如。
>
> 为君唤起黄州梦,独载扁舟向五湖。

先生供职的翰林院(玉堂),那是人间风日不到的天上神仙居住的玉堂,有很多珍贵的藏书可供阅读。可以想象先生在那里挥毫赋诗作文,文思如明珠般倾泻而出。我家江南的双井茶叶肥美,茶粉出磨纷飞飘落,赛似白雪。希望通过双井茶让先生回忆起谪居黄州的日子,也盼望先生能超脱官场的羁绊,效范蠡扁舟泛五湖,过自由自在的生活。

杜耒,字小山,事迹不详,其《寒夜》诗脍炙人口:

寒夜客来茶当酒,竹炉汤沸火初红;

寻常一样窗前月,才有梅花便不同。

寒夜来客,以茶当酒。松风汤沸,竹炉火红,主人的热情似沸汤、炉火一般。窗外,月光如水,枝头寒梅数点,人、茶、梅、月俱清。

陆游(1125－1209),字务观,号放翁,诗与杨万里、尤袤、范成大齐名,称"南宋四大家"。有茶诗近 300 首。其《效蜀人煎茶戏作长句》:

午枕初回梦蝶床,红丝小硙破旗枪。

正须山石龙头鼎,一试风炉蟹眼汤。

岩电已能开倦眼,春雷不许殷枯肠。

饭囊酒瓮纷纷是,谁赏蒙山紫笋香?

该诗的前半部分,直书煎茶之事,即用红丝小硙(石磨)碾茶,用石鼎煎茶,煎至出现"蟹眼"大小气泡为度。诗的后半部分,"岩电"二句赞扬茶的功效;感叹像蒙山茶和顾渚紫笋那样品质优异的茶却无人欣赏。后两句是借茶抒怀,抨击南宋朝廷,只重用众多"饭囊酒瓮"的蠢材,而像"蒙山紫笋"那样的上品人才却得不到赏识。

杨万里(1127－1206),字廷秀,号诚斋,南宋四大家之一。一生做诗二万多首,被称为"诚斋体"。传世茶诗有 50 多首,其《澹庵坐上观显上人分茶》:

分茶何似煎茶好,煎茶不似分茶巧。

蒸水老禅弄泉手,隆兴元春新玉爪。

二者相遭兔瓯面,怪怪奇奇真善幻。

纷如擘絮行太空,影落寒江能万变。

银瓶首下仍尻高,注汤作字势嫖姚。

不须更师屋漏法,只问此瓶当响答。

紫薇仙人乌角巾,唤我起看清风生。

京尘满袖思一洗,病眼生花得再明。

汉鼎难调要公理,策勋著碗非公事。

不如回施与寒儒,归续茶经传衲子。

该诗前半描述显上人分茶技艺的高超,形成"怪怪奇奇真善幻。纷如擘絮行太空,影落寒江能万变"的物象,特别是能注汤作字,法似"屋漏法",勇健轻捷。后半写茶洗京尘、使病眼复明的疗效,写得别有意趣。

元朝时期不长,而且崇尚武功,所以比之唐宋,咏茶诗人要少得多。元代的咏茶诗人有耶律楚材、虞集、马钰、洪希文、谢宗可、刘秉忠、张翥、袁桷、黄庚、萨都剌、倪瓒等。元代茶叶诗词题材亦有名茶、煎茶、饮茶、名泉、茶具、采茶、茶功等。名茶诗有刘秉忠的《尝云芝茶》等,煎茶诗有谢宗可的《雪煎茶》,茶具诗有谢宗可的《茶筅》。

耶律楚材(1190—1244),字晋卿,契丹族,辽皇族子弟,先为辽太宗定策立制,后为成吉思汗所用。著名诗人,喜弹琴饮茶,"一曲离骚一碗茶,个中真味更何家"(《夜座弹离骚》)。从军西域期间,茶难求,以至向友人讨茶。并写下《西域从王君玉乞茶,因其韵七首》,这里选前后两首:

之一

积年不啜建溪茶,心窍黄尘塞五车。

碧玉瓯中思雪浪,黄金碾畔忆雷芽。

卢仝七碗诗难得,谂老三瓯梦亦赊。

敢乞君侯分数饼,暂教清兴绕烟霞。

之七

啜罢江南一碗茶,枯肠历历走雷车。

黄金小碾飞琼雪,碧玉深瓯点雪芽。

笔阵阵兵诗思勇,睡魔卷甲梦魂赊。

精神爽逸无余勇,卧看残阳补断霞。

第一首诗感叹说自己多年没喝到建溪茶了,心窍被黄尘塞满。时时忆念"黄金碾畔"的"雷芽","碧玉瓯中"的"雪浪"。既不能像卢仝诗中连饮七碗,也不能梦想像赵州和尚那样连吃三瓯,只期望王君玉能分几块茶饼。

第七首诗则说,只喝了一碗江南的茶,枯肠润泽能跑雷车。黄金茶碾磨茶时碾畔茶粉像玉屑一样纷飞,在碧玉深瓯中点江南雪芽茶。饮后觉得诗思泉涌,睡魔卷甲逃遁,精神爽逸,惬意地卧看落日、晚霞。

谢宗可,元代诗人,生平事迹不详。有《咏物》诗一卷传世,《茶筅》是其中的一首,当是仅见的一首关于点茶器具茶筅的诗:

此君一节莹无暇,夜听松风漱玉华。

万缕引风归蟹眼,半瓶飞雪起龙芽。

香凝翠发云生脚,湿满苍髯浪卷花。

到手纤毫皆尽力,多因不负玉川家。

茶筅是点茶用具,截竹为之,一头剖成细丝如笋帚状。点茶时执之在茶盏中旋转搅拌,谓之击拂,直至盏面乳雾汹涌、周廻不动乃止。该诗首写茶筅晶莹无暇,当蟹眼乍起、松风初鸣之时,提瓶注汤点茶。在茶筅的击拂下,盏面卷起乳花,香凝翠发,成云头雨脚,筅丝自然也被浸湿。每一根筅丝都尽职尽力,起到了作用,是为了不辜负像玉川子卢仝那样的品茶行家。

（二）茶词曲

1. 茶词

词萌于唐，而大兴于宋。宋代文学，词领风骚。宋代茶文学在茶诗、茶文之外，又有了茶词这样一个新形式。宋以后，茶词创作不断，但佳作不多。

苏轼的《西江月》别开生面，对当时的名茶、名泉和斗茶作了生动形象的赞美：

龙焙今年绝品，谷帘自古珍泉。雪芽双井散神仙，苗裔来从北苑。

汤发云腴酽白，盏浮花乳轻圆，人间谁敢更争妍，斗取红窗粉面。

苏轼《行香子》：

绮席才终，欢意犹浓，酒阑时高兴无穷。

共夸君赐，初拆臣封。看分香饼，黄金缕，密云龙。

斗赢一水，功敌千钟，觉凉生两腋清风。

暂留红袖，少却纱笼。放笙歌散，庭馆静，略从容。

酒席已终，但大家意兴阑珊，于是继续茶会，进行斗茶。有人拿出皇帝赐赏的北苑产密云龙茶来，金丝饰面。斗茶会中红袖美女笙歌助兴，煞是热闹。但没有不散的宴席，终归人去馆静。"密云龙"茶为福建特产，仅供皇帝和皇太后专用，宰相、翰林学士受此赏赐，无不倍感荣幸，所以苏轼在词中要让门生亲眼看他拆封，一同慢慢受用；喝了之后顿觉浑身凉爽，两腋生风，仿佛进入仙境。

黄庭坚《品令（茶）》：

凤舞团饼，恨分破，教孤令。金渠体净，只轮慢碾，玉尘光莹。

汤响松风，早减了二分酒病。

味浓香永，醉乡路，成佳境。恰如灯下，故人万里，归来对影。

口不能言，心下快活自省。

这首咏茶词写团饼茶的碾磨、点试、品饮的情形。把茶比作旧日好友万里归来,灯下对坐,悄然无言,心心相印,欢快之至,将品茗时只可意会不可言传的特殊感受化为鲜明可见的视觉形象。

□ 秦观像

秦观(1049－1100),字少游,又字太虚,号淮海居士。其《满庭芳(咏茶)》:

北苑研膏,方圭圆璧,万里名动京关。碎身粉骨,功合上凌烟。

尊俎风流战胜,降春睡、开拓愁边。纤纤捧,香泉溅乳,金缕鹧鸪斑。

相如,方病酒,一觞一咏,宾有群贤。便扶起灯前,醉玉颓山。

搜揽胸中万卷,还倾动、三峡词源。归来晚,文君未寝,相对小妆残。

辛弃疾(1140—1207),字幼安,号稼轩,南宋杰出词人。其《临江仙·试茶》:

红袖扶来聊促膝,龙团共破春温。高标终是绝尘氛。两厢留烛影,一水试泉痕。

饮罢清风生两腋,余香齿颊犹存。离情凄咽更休论。银鞍和月载,金碾为谁分。

其他如黄庭坚《踏莎行·茶词》、《阮郎归·茶词》,李清照《摊破浣溪沙·莫分茶》、王安中《临江仙·和梁才甫茶词》、毛滂《蝶恋花·送茶》、白玉蟾《水调歌头·咏茶》、王喆《解佩令·茶肆茶无绝品至真》、马钰《长思仙·茶》等,都是茶词名作。

2.茶曲

散曲是一种文学体裁,在元朝极为兴盛风行,茶事散曲,为茶文学领域增添了新的形式。李德载的《阳春曲·赠茶肆》小令十首,便是茶曲的代表:

茶烟一缕轻轻飏,搅动兰膏四座香,烹煎妙手赛维扬。

非是谎,下马试来尝。

黄金碾畔香尘细,碧玉瓯中白雪飞,扫醒破闷和脾胃。

风韵美,唤醒睡希夷。

蒙山顶上春光早,扬子江心水味高,陶家学士更风骚。

应笑倒,销金帐饮羊羔。

龙团香满三江水,石鼎诗成七步才,襄王无梦到阳台。

归去来,随处是蓬莱。

一瓯佳味侵诗梦,七碗清香胜碧筒,竹炉汤沸火初红。

两腋风,人在广寒宫。

木瓜香带千林杏,金橘寒生万壑冰,一瓯甘露更驰名。

恰二更,梦断酒初醒。

兔毫盏内新尝罢,留得余香在齿牙,一瓶雪水最清佳。

风韵煞,到底属陶家。

龙须喷雪浮瓯面,凤髓和云泛盏弦,劝君休惜杖头钱。

学玉川,平地便升仙。

金樽满劝羊羔酒,不似灵芽泛玉瓯,声名喧满岳阳楼。

夸妙手,博士便风流。

金芽嫩采枝头露,雪乳香浮塞上酥,我家奇品世间无。

君听取,声价彻皇都。

这些小令,将饮茶的情景、情趣一一道出,虽玲珑短小,却韵味尽出。

张可久(约 1270—?),字小山,元曲大家,其作品涉茶者有数十首。其

《人月圆·山中书事》：

兴亡千古繁华梦，诗眼倦天涯。孔林乔木，吴宫蔓草，楚庙寒鸦。

数间茅舍，藏书万卷，投老村家。山中何事？松花酿酒，春水煎茶。

其另一曲《山斋小集》：

玉笛吹老碧桃花，石鼎烹来紫笋茶。山斋看了黄荃画，茶縻香满笆，自然不尚奢华。

醉李白名千载，富陶朱能几家？贫不了诗酒生涯。

春水煎茶，石鼎烹茶。山中生活，数间茅舍，诗酒书茶，逍遥自在，不尚奢华。

乔吉[南吕]《玉交枝·闲适》：

山间林下，有草舍蓬窗优雅。苍松翠竹堪图画，近烟三四家。

飘飘好梦碎落花，纷纷世味如嚼蜡。一任他苍头皓发，莫徒劳心猿意马。

自种瓜，自种茶，炉内炼丹砂。看一卷道德经，讲一会渔樵话。

闲上槿树篱，醉卧在葫芦架。尽情闲，自在煞。

此曲诗化了隐逸者的生活境界，抒情主人公生活在远离尘世的山林里，过着简朴却优雅的生活，没有世俗的纷扰，有自食其力的快乐，大有陶渊明的遗风。

(三)茶事散文

宋元茶事散文体裁丰富多样，有赋、记、表、序、跋、传、铭、奏、疏等，数量较唐代有较大发展。

宋代吴淑(947－1002)，字正仪，亦作《茶赋》，铺陈、历数茶之功效、典故和茶中珍品。黄庭坚也善辞赋，他的《煎茶赋》对饮茶的功效、品茶的格调、佐茶的宜忌，作了生动的描述。

苏轼在叙事散文《叶嘉传》中塑造了一个胸怀大志、威武不屈、敢于直谏、忠心报国的叶嘉形象。叶嘉，"少植节操"，"容貌如铁，资质刚劲"，"研味经史,志图挺立","风味恬淡,清白可爱","有济世之才","竭力许国,不为身计",可谓德才兼备。

《叶嘉传》通篇没有一个"茶"字,但细读之下,茶却又无处不在,其中的茶文化内涵丰厚。苏轼巧妙地运用了谐音、双关、虚实结合等写作技巧,对茶史、茶的采摘和制造、茶的品质、茶的功效、茶法,特别是对宋代福建建安龙团凤饼贡茶的历史和采摘、制造,宋代典型的饮茶法——点茶法有着具体、生动、形象的描写。叶嘉其实是苏轼自身的人格写照,更是茶人精神的象征。《叶嘉传》是苏轼杰出的文学才华和丰富的茶文化知识相结合的产物,是古今茶文中的一篇奇文杰作。

叶嘉,闽人也,其先处上谷。曾祖茂先,养高不仕,好游名山。至武夷,悦之,遂家焉。……至嘉,少植节操。或劝之业武,曰:吾当为天下英武之精。一枪一旗,岂吾事哉。因而游见陆先生,先生奇之,为着其行录,传于世。……臣邑人叶嘉,风味恬淡,清白可爱,颇负其名,有济世之才,虽羽知犹未详也。……遇相者揖之曰:先生容质异常,矫然有龙凤之姿,后当大贵。嘉以皂囊上封事,天子见之曰:吾久饫卿名,但未知其实耳,我其试哉。因顾谓侍臣曰:视嘉容貌如铁,资质刚劲,难以遽用,必搋提顿挫之乃可。遂以言恐嘉曰:碪斧在前,鼎镬在后,将以烹子,子视之如何?嘉勃然吐气曰:臣山薮猥士,幸惟陛下采择至此,可以利主虽粉身碎骨,臣不辞也。上笑,命以名曹处之,又加枢要之务焉,因诚小黄门监之。……上乃勒御史欧阳高、金紫光禄大夫郑当时、甘泉侯陈平三人,与之同事。……会天子御延英,促召四人。欧但热中而已,当时以足击嘉。而平亦以口侵陵之。嘉虽见侮,为之起立,颜色不变。……曰:叶嘉真清白之士也,其气飘然若浮云矣。遂引而宴之。少选间,上鼓舌欣然曰:始吾见嘉,未甚好也。久味之,殊令人爱。朕之精魄,不觉洒然而醒。书曰:启乃心,沃朕心,嘉之谓也。……嘉子二人,长曰抟,有父风,袭爵。次曰挺,抱黄白之术。比于抟,其志尤淡泊也。……

（四）茶事小说

宋元时期，茶事小说依然多数是轶事小说，多见于笔记小说集。一类是专门编辑旧文，如王谠的《唐语林》，就汇辑唐人笔记五十种，辑有"白居易烹鱼煮茗"、"陆羽轶事"、"马镇西不入茶"、"活火煎茶"、"茶瓶厅"、"茶托子"、"茶茗代酒"、"煎茶博士"等十多篇；再一类是记载当时人轶事的，诸如王安石、苏轼、蔡襄等人与茶有关的轶事；此外尚有宋代话本、"讲史"中也多见茶事，这些茶事小说，故事更加完整，情节更加曲折，描写更加细腻，在艺术上达到较高的成就。

五、茶艺术的拓展

（一）茶戏剧

茶浸染生活的各个方面，茶事自然被戏剧所吸收和反映。所以，不但剧中有茶事的内容、场景，有的甚至全剧就以茶事为背景和题材。中国戏剧成熟于宋元时期，宋元戏剧中就有许多反映茶事活动的内容。

1.《寻亲记·茶访》

宋元南戏《寻亲记》（作者佚名）第二十三出《惩恶》，写开封府尹范仲淹微服私访，在茶馆向茶博士探问恶霸张敏的罪恶行径。昆剧演出时将之改为《茶访》折子戏，该剧从侧面反映了宋元时期茶馆发达的情形。

范仲淹：我如今扮作客商，改换衣装，闲行市井之中，访察民间之事。此间一所茶坊，不免里面一坐。茶博士哪里？

茶博士：客官可是吃茶的？

范仲淹：你有什么好茶，拿来吃。

茶博士：有茶在此。

范仲淹：此茶从何而来？

茶博士：此茶十分细美，看烹来过如陆羽。一泉二泉，试尝君自知，休轻。路逢侠客须呈剑，不是才人不献诗。

范仲淹:此茶风生两腋,要乘此清风归去。三钟四钟,非吾苦要吃。直愁取,苍生命堕颠崖里,地位清高总不知。

范仲淹与茶博士的对话中引用了卢仝茶歌的典故。就在他们正说着话的时候,喝得醉醺醺的恶霸张敏撞进茶坊。他不仅勒索茶博士,还威胁扮作客商的范仲淹。最终,张敏恶有恶报。

2.《苏小卿月夜贩茶船》

该戏由元代著名剧作家王实甫编剧。故事发生在南宋初年,才貌双全的名妓苏小卿对江南才子双渐情有独钟,但无缘相识。茶商冯魁,对小卿的美色垂涎三尺,却遭小卿拒绝。冯魁强抢小卿,双渐恰好路过,救下小卿。鸨母乘双渐科举应试之机,将苏小卿卖与冯魁作妾。苏小卿被骗上冯魁的茶船,冯魁星夜启程赶往江西贩茶。中途船泊金山寺,苏小卿上岸在寺壁题诗诉恨而去。双渐考中进士后授官江西临川令,赴任路过金山寺时看到苏小卿的题诗,一路追寻至江西。经官府判断,终与苏小卿结为夫妻。

在这出戏中,茶商冯魁是一个丑陋、奸诈的反面角色,反映了宋元时期社会对茶商的一种偏见。白居易《琵琶行》"商人重利轻别离,前月浮梁买茶去",唐代的茶商同样给人留下不好印象。士农工商,商居四民之末,中国封建社会重农抑商,商人地位低下。宋代茶叶实行国家专卖,但是茶叶走私严重,茶商甚至组织武装与政府对抗,更进一步给人造成茶商唯利是图的坏印象。元代去宋不远,茶商的负面形象印记在王实甫的脑中,被编进戏中。

3.《陈抟高卧》

《陈抟高卧》是元代马致远所作的一部神仙道化戏,内容表现五代时隐居华山的道士陈抟清心寡欲、不慕荣华的高致襟怀。剧中有一段色旦劝酒奉茶的情节。色旦说:"我与先生奉一杯茶,先生试尝这茶味何如?"陈抟回答:"是好茶也。这茶呵采的一旗半枪,来从五岭三湘。泛一瓯瑞雪香,生两腋松风响,润不得七碗枯肠。辜负一醉无忧老杜康,谁信您卢仝健忘。"

（二）茶歌

卢仝《走笔谢孟谏议寄新茶》在宋代就称"卢仝茶歌"或"卢仝谢孟谏议茶歌"了，这表明至少在宋代时，这首诗就配以章曲、器乐而歌了。宋时由茶叶诗词而转为茶歌的这种情况较多，如熊蕃在《御苑采茶歌》的序文中称："先朝漕司封修睦，自号退士，曾作《御苑采茶歌》十首，传在人口。"这里所谓"传在人口"，就是歌唱在民间。

作为民歌中的一种，竹枝词极富有节奏感和音律美，而且在表演时有独唱、对唱、联唱等多种形式。南宋范成大《夔州竹枝歌》："白头老媪簪红花，黑头女娘三髻丫。背上儿眠上山去，采桑已闲当采茶。"此茶歌采用四川奉节的民歌竹枝词这种形式来描写采茶的大忙季节，白头老媪与背着孩子的黑头女娘都上山采茶去了，充满了农村的生活气息。

（三）茶事书法

1. 蔡襄《茶录》《北苑十咏》等

蔡襄不仅是书法家，也是茶人，曾著《茶录》二篇，为宋代代表性茶书。《茶录》用小楷书写，也曾凿刻勒石，是其小楷书法代表作。《茶录》抄本传世很多，真迹难觅。明代宋珏《古香斋宝藏蔡帖》保留其刻本，或可窥见其风采。

□ 蔡襄《精茶帖》

蔡襄有关茶的书法，尚有《北苑十咏》、《即惠山泉煮茶》两件诗书和两件手札《精茶帖》、《思咏帖》。蔡襄是福建人，曾任福建转运使，督造北苑贡茶，创制小龙团茶,《北苑十咏》即咏其事。诗以行楷写成,风格清新隽秀;《即惠山泉煮茶》写用惠山泉试茶,其书用笔灵动,线条变化粗细合度,极尽自然之态;《精茶帖》中有"精茶数片,不一一,襄上",用行书写成,用笔时迟时疾,映带顿挫,随意而行,结构谨严而神采奕奕;《思咏帖》中有"王白今岁为游闰所胜,大可怪也",在建安斗茶中,以白茶为上,但王家白茶输于游闰家,所以让人觉得不可思议。末尾"大饼极珍物,青瓯微粗。临行匆匆致意,不周悉。""大饼"当指大龙团贡茶,本是皇家享用品,故属"极珍物"。"青瓯"当指青瓷茶瓯。书体属草书,字字独立而笔意暗连,用笔空灵生动,精妙雅严。

□ 蔡襄《思咏帖》

2.苏轼《啜茶帖》、《一夜帖》等

《啜茶帖》:"道原无事,只今可能枉顾啜茶否? 有少事须至面白。孟坚必已安也。轼上,恕草草。"《啜茶帖》也称《致道原帖》,是苏轼于元丰三年(1080年)写给道原的一则便札,邀请道原来饮茶,并有事相商。行书,纸本,用墨丰赡而骨力洞达,所谓无意于嘉而嘉。

《一夜帖》,又名《季常帖》,纸本,行书,用笔遒劲而精妙。内容为:"一夜寻黄居采龙不获,方悟半月前是曹光州借去摹榻,更须一两月方取得。恐王君疑是翻悔,且告子细说与,才取得,即纳去也。却寄团茶一饼与之,旌其好事也。轼白。季常。廿三日。"苏轼随信附寄"团茶一饼",请季常转赠"王君",以"旌其好事也"。此帖表现了苏轼恪守诚信的美德。

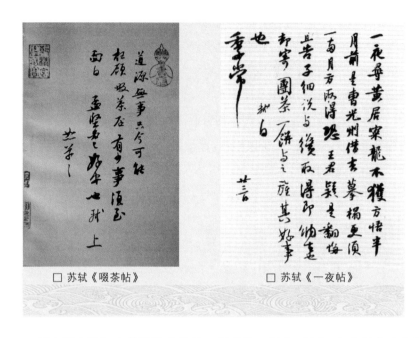

□ 苏轼《啜茶帖》　　　　　　　　□ 苏轼《一夜帖》

《新岁展庆帖》，也是给陈季常的一通手札。纸本，行书，人多视之为苏轼的杰作，岳珂曾评此帖为"如繁星丽天，映照千古"。其中涉及茶事内容有"此中有一铸铜匠，欲借所收建州木茶臼子并椎，试令依样造看。兼适有闽中人便，或令看过，因往彼买一副也。乞暂付去人，专爱护，便纳上"。季常家收藏一副建州木茶臼并椎，苏轼在大年初二写信派人去借，欲请铜匠依样铸造一副。恰好又有一闽人欲回闽，顺便让其认识一下，好让他回闽时给买一副回来。由此帖可知苏轼对点茶器具也非常讲究。

3. 黄庭坚《奉同公择尚书咏茶碾煎啜三首》

行书，中宫严密。内容是其自作诗三首，建中靖国元年（1101 年）八月十三日书，第一首写碾茶，"要及新香碾一杯，不应传宝到云来。碎身粉骨方余味，莫厌声喧万壑雷"；第二首写煎茶，"风炉小鼎不须催，鱼眼常随蟹眼来。深注寒泉收第二，亦防枵腹爆干雷"；第三首写饮茶，"乳粥琼糜泛满杯，色香味触映根来。睡魔有耳不及掩，直拂绳床过疾雷。"

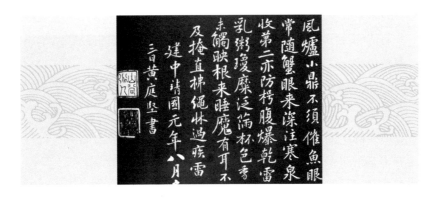

4. 米芾《苕溪诗帖》

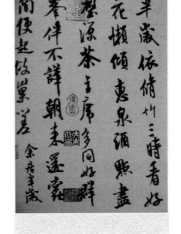

《苕溪诗帖》，纸本，行书，宋哲宗元祐三年（1088 年）八月八日作，米芾时年 38 岁。开首有"将之苕溪戏作呈诸友，襄阳漫仕黻"，知所书为自撰诗，共 6 首。其中第二首为："半岁依修竹，三时看好花。懒倾惠泉酒，点尽壑源茶。主席多同好，群峰伴不哗。朝来还蠹简，便起故巢嗟。"又有跋语："余居半岁，诸公载酒不辍。而余以疾每约置膳清谈而已。"米芾受到朋友们的热情招待，载酒不辍，而米芾以疾辞酒，以茶代酒，清谈款话。

此帖用笔中锋直下，浓纤兼出，落笔迅疾，纵横恣肆。尤其运锋，正、侧、藏、露变化丰富，点画波折过渡连贯，提按起伏自然超逸，毫无雕琢之痕。其结体舒畅，中宫微敛，保持了重心的平衡。同时长画纵横，舒展自如，富抑扬起伏变化。通篇字体微向左倾，多敧侧之势，于险劲中求平夷。全卷书风真率自然，痛快淋漓，变化有致，逸趣盎然，是中国书法史上的一件名作。

(四)茶事绘画

1.赵佶《文会图》

赵佶(1082－1135),宋徽宗皇帝,精通茶艺,擅长书法、人物花鸟画。

此画描绘了文人会集的盛大场面。在一个优雅的庭院中的大树下,巨型贝雕黑漆桌案上有丰盛的果品、各种杯盏等。八文士们围桌而坐,两文士离席起身与旁边人交谈,左边大树下有两文士站着交谈,人物神态各异,潇洒自如,或交谈,或举杯,或凝坐。二侍者端捧杯盘,往来其间。另有数侍者在炭火桌边忙于温酒、备茶,场面气氛热烈,人物神态逼真。

□ 赵佶《文会图》

画中有一备茶场景,可见方形风炉、汤瓶、白茶盏、黑盏托、都篮等茶器,一侍者正从茶罐中量取茶粉置茶盏,准备点茶。画的主题虽是文人雅集,茶却是其中不可缺少的内容,反映出文人与茶的密切关系。

2.刘松年《撵茶图》等

刘松年,生平不详,与李唐、马远、夏圭合称"南宋四大家",擅长人物画。

《撵茶图》为工笔白描,描绘了从磨茶到烹点的具体过程、用具和点茶场面。画中左前方一仆役坐在矮几上,正在转动茶

□ 刘松年《撵茶图》（局部）

084

磨磨茶。旁边的桌上有筛茶的茶罗、贮茶的茶盒、茶盏、盏托、茶筅等。另一人正伫立桌边，提着汤瓶在大茶瓯中点茶，然后到分桌上小托盏中饮用。他左手桌旁有一风炉，上面正在煮水，右手旁边是贮水瓮，上覆荷叶。一切显得十分安静、整洁有序。

□ 刘松年《斗茶图》

刘松年存世茶画尚有《茗园赌市图》，图中茶贩斗茶，有注水点茶的，有提壶的，有举杯品茶的。右边有一挑茶担者，专卖"上等江茶"。旁有一妇拎壶携孩边走边看。描绘细致，人物生动，一色的民间衣着打扮，这是宋代街头茶市的真实写照；《斗茶图》，图中茶贩四人歇担路旁，似为路遇，相互斗茶，各各夸耀。《卢仝烹茶图》，画面上山石瘦削，松槐交错，枝叶繁茂，下覆茅屋。卢仝拥书而坐，赤脚女婢治茶具，长须男仆肩壶汲泉。

3.钱选《卢仝烹茶图》

钱选（1239－1301），字舜举，号玉潭，宋元之际著名画家。

该画以卢仝《走笔谢孟谏议寄新茶》诗意作画。画中头戴纱帽，身着白色长袍，仪态悠闲地坐于山冈平石之上的是卢仝。观其神态姿势，似在指点侍者如何烹茶。一侍者着红衣，手持纨扇，正蹲在地上给茶炉扇风。一人伫立，其态甚恭，当为孟谏议所遣送茶来的差役。画面上芭蕉、湖石点缀，环境幽静可人。

4.河北宣化下八里辽墓壁画中的茶画

上世纪后期在河北省张家口市宣化区下八里村考古发现一批辽代的墓葬，墓葬内绘有一批茶事壁画。虽然艺术性不高，有些器具比例失调，却也线条流畅，人物生动，富有生活情趣。这些壁画全面真实地描绘了当时流行的点茶技艺的各个方面,对于研究契丹统治下的北方地区的饮茶历史和点茶技艺有无法替代的价值。

张文藻墓壁画《童嬉图》,壁画右前有船形茶碾一只,茶碾后有一黑皮朱里圆形漆盘,盘内置曲柄锯子、毛刷和茶盒。盘的后方有一莲花座风炉,炉上置一汤瓶,炉前地上有一扇。壁画右有四人,一童子站在跪坐碾茶者的肩上取吊在放梁上竹篮里的桃子,一老妇用围兜承接桃子,主妇手里拿着桃子。主妇身前的红色方桌上置茶盏、酒坛、酒碗等物,身后方桌上是文房四宝。画左侧有一茶具柜,四小童躲在柜和桌后嬉戏探望。壁画真切地反映了辽代晚期的点茶用具和方式,细致真实。

张世古墓壁画《将进茶图》,壁画中三人,中间一女子手捧带托茶盏,托黑盏白,似欲奉茶至主人;左侧一人左手执扇,右手抬起,似在讲什么;右侧一女子侧身倾听。三人中间的桌上置有红色盏托和白色茶盏,一只大茶瓯,瓯中有一茶匙。点茶有在大茶瓯中点好再分到小茶盏中饮用的情形。桌前地上矮脚火盆炉火正旺,上置一汤瓶煮水。

□ 《将进茶图》

张恭诱墓壁画《煮汤图》,壁画中三人,左侧一童子曲身执扇对着上置汤瓶的矮脚火盆扇风煮水候汤,炉火正红。右侧一男子右手端茶盘,盘中有茶二盏,左手举起,似在吩咐。中间为一妇人,侧耳倾听。两人面前桌上放有叠起的白色盏托、叠起而倒扣的白色茶盏。

□《煮汤图》

□《点茶图》

　　6号墓壁画《茶作坊图》，壁画中共有6人（一人模糊难辨），左前一童子在碾茶，旁边有一黑皮朱里圆形漆盘，盘内置曲白色茶盒；右前一童子跪坐执扇对着莲花座型风炉扇风，风炉上置汤瓶（比例偏大）煮水，左后一人双手执汤瓶，面前桌上摆放茶匙、茶筅、茶罐、瓶篮等。右后一女子手捧茶瓯，侧身回头，面前一桌，桌上东西模糊难认。后中一童子伏身在茶柜上观望。

□ 茶作坊图

1号墓壁画《点茶图》，壁画中两男子，左侧一男子左手托托盏，右侧一男子作注汤点茶状。两人之间的红桌上，置黑托白盏两套。桌前地上矮脚火盆炉上置一汤瓶。

5.赵孟頫《斗茶图》

赵孟頫(1254—1322)，元代著名书画家。

画面上四茶贩在斗茶。人人备有茶炉、汤瓶、茶盏等用具，轻便的挑担有圆有方，随时随地可烹茶比试。左前一人手持茶杯、一手提茶炉(含汤瓶)，意态自若，左后一人一手持盏，一手提瓶，作将瓶中水倾入盏中之态。右前一人左手持空盏，右手持盏品茶。右后一人站立在一旁注视左面。斗茶者把自制的茶叶拿出来比试，展现了民间茶叶买卖和斗茶的情景。

□ 赵孟頫《斗茶图》

赵孟頫《斗茶图》显然吸收了刘松年茶画《茗园赌市图》的形式，但更简洁、传神。

6.赵原《陆羽烹茶图》

□ 赵原《陆羽烹茶图》（局部）

088

赵原(？－1372)，元代著名画家，擅画山水。

该画以陆羽烹茶为题材，用水墨山水画反映优雅恬静的环境，远山近水，有一山岩平缓突出水面。右侧一轩宏敞，林木葱葱。堂上一人，按膝而坐，当为陆羽。旁有童子，拥炉烹茶。自题画诗："山中茅屋是谁家，兀坐闲吟到日斜，俗客不来山鸟散，呼童汲水煮新茶。"

六、茶书的始兴

现存宋代茶书有陶穀《荈茗录》、叶清臣《述煮茶小品》、蔡襄《茶录》、宋子安《东溪试茶录》、黄儒《品茶要录》、赵佶《大观茶论》、熊蕃《宣和北苑贡茶录》、赵汝砺《北苑别录》、曾慥《茶录》、审安老人《茶具图赞》共十种。其中九种撰于北宋，唯《茶具图赞》撰于南宋末年。

散佚的茶书尚有丁谓《北苑茶录》、周绛《补茶经》、刘异《北苑拾遗》、沈括《茶论》、曾伉《茶苑总录》、桑庄《茹芝续茶谱》等。现存宋代茶书，几乎全是围绕北苑贡茶的采制和品饮而作。

宋元时期茶贵建州，建安北苑龙团凤饼风靡天下。在饮茶方式上，一改唐代的煎茶，而流行点茶、斗茶。蔡襄《茶录》详录了点茶的器具和方法，斗茶时色香味的不同要求，提出斗茶胜负的评判标准。《茶录》分上下两篇，上篇论茶，分色、香、味、藏茶、炙茶、碾茶、罗茶、侯汤、熁盏、点茶十目，谈及茶的色、香、味，茶叶的贮藏方法，炙茶、碾茶、点茶方法，茶汤品质和烹饮方法，认为茶色贵白，青白胜黄白；茶有真香，不能掺其他香草珍果，恐夺其真。下篇论器，分茶焙、茶笼、砧椎、茶铃、茶碾、茶罗、茶盏、茶匙、汤瓶九目，论述点茶所用之器具。

宋子安《东溪试茶录》，是书所论主要是北苑连属诸山茶焙，"北苑前枕溪流"，南临松溪。松溪从建安县城东北汇入建溪，近建安县城这一段故称"东溪"。宋子安因为丁谓、蔡襄两家茶录，所载建安茶事尚有未尽之处，所以作此书以补两家之不载。全书约三千多字，首序，次分总叙焙名、北苑（曾坑、石坑附)、壑源(叶源附)、佛岭、沙溪、茶名、采茶、茶病等八目。前五目详细叙述诸焙沿革及其所属各个茶园的位置和茶叶优劣特点,对了解宋代建安官焙的情况极有参考价值。后三目指出白叶茶、柑叶茶、早茶、细叶茶、稽茶、晚茶、丛茶等七种茶的区别,包括茶树的性状和产地,采摘的时间和方法,茶病的介绍,以及茶叶品质与自然环境之关系。

黄儒《品茶要录》,全书约有一千九百字。前后各有总论、后论一篇,中分采造过时、白合盗叶、入杂、蒸不熟、过熟、焦釜、压黄、渍膏、伤焙、辨壑源沙溪等十目。一说采造过时,则茶汤色泽不鲜白,水脚微红,及时采制的佳品茶汤色鲜白;二说白合盗叶,茶叶中掺入了带鳞片、鱼叶的茶芽和对夹叶而使茶味涩淡;三说入杂,讲如何鉴别掺入了其他植物叶片;四至九叙述制作饼茶不当时出现的弊病和如何审评鉴别;十辨壑源、沙溪两块茶园,其地相比虽只隔一岭,相距无数里,但茶叶品质相差很大,说明自然环境对茶叶品质的影响。此书并非讨论通常意义的茶的品饮,而是关于茶叶品质优劣的辨识的专门论著。

宋徽宗赵佶的《大观茶论》,分地产、天时、采择、蒸压、制造、鉴别、白茶、罗碾、盏、筅、瓶、杓、水、点、味、香、色、藏焙、品名等二十目。对北宋时期蒸青团茶的产地、采制、烹试、品质、斗茶风尚等均有详细记述,对于地宜、采制、烹试、品质等,讨论相当切实。列举外焙茶虽精工制作,外形与正焙北苑茶相仿,但其形虽同而无风格,味虽重而乏馨香之美,总不及正焙所产的茶,指出生态条件对茶叶品质形成的重要性。

熊蕃《宣和北苑贡茶录》详述了宋代福建贡茶的历史及制品的沿革,四十余种茶名。蕃子克又附图及尺寸大小,可谓图文并茂,使我们对北苑龙凤贡茶有了直观的认识,具有很高的史料价值。

南宋赵汝砺《北苑别录》除叙述北苑茶的采制外,详述了贡茶的纲次花色,使我们得以对宋代的北苑贡茶有较清楚的了解。

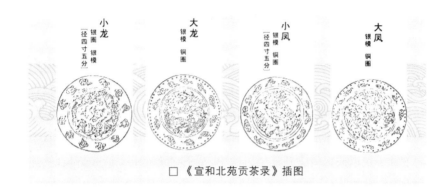

小凤
银模 铜圈
[径四寸五分]

大凤
银模 铜圈

小龙
银圈 银模
[径四寸五分]

大龙
银模 铜圈

□ 《宣和北苑贡茶录》插图

南宋审安老人《茶具图赞》是现存最古的一部茶具专书。选取了点茶的十二种茶器具绘成图,根据其特性和功用赋予其官职,并姓名字号。同时也为每种茶具题了赞语。使我们对点茶的器具有了直观的认识,从中可见宋代茶具的形制。

宋代,茶文学和艺术极其兴盛,点茶道风靡天下。都城汴梁、临安的茶馆盛极一时,建窑黑釉盏随着斗茶之风流行天下。宋徽宗以帝王的身份亲撰茶书、茶诗,亲手点茶。在北宋中后期,形成了中华茶文化的第二个高峰。

第二节　明代茶文化

明代是中国茶业变革的重要时代,明初废团茶而兴散茶,促进了茶叶加工技术的发展和新茶类的创立。有明一代,先是流行蒸青散茶,后来炒青和烘青散茶日盛。明代名茶主要有虎丘茶、天池茶、罗岕茶、松萝茶、六安茶、龙井茶、武夷茶、普洱茶、老竹大方茶、石埭茶、日铸茶、天目茶、阳羡茶、雁荡茶、君山茶等。晚明时期,与欧洲的海上茶叶贸易兴起。

一、茶会、茶馆和茶具的兴盛

(一)茶会盛行

"命一童子设香案携茶炉于前,一童子出茶具,以瓢汲清泉注于瓶而炊之,然后碾茶为末,置于磨令细,以罗罗之。侯汤将如蟹眼,量客众寡,投数匕入于巨瓯,侯茶出相宜,以茶筅击拂,令沫不浮,乃成云头雨脚。分于啜瓯,置于竹架。童子捧献于前。主起,举瓯奉客曰:'为君以泻清臆。'客起接,举瓯曰:'非此不足以破孤闷。'乃复坐。饮毕,童子接瓯而退。话久情长,礼陈再三,遂出琴棋。"(朱权《茶谱·序》)童子司茶、献茶,主人举瓯奉客,客人起接,主客复坐,品茶,茶毕,童子接瓯而退。话久情长,礼陈再三,继出琴棋。这是典型的文人茶会。

□ 文征明《惠山茶会图》

文征明《惠山茶会图》描绘了正德十三年(1518年)清明时节,文征明同好友蔡羽、汤珍、王守、王宠等五人在惠山山麓的二泉亭举行清明茶会,展示茶会即将举行前茶人的活动。井亭内有二人围井栏盘腿而坐,一人腿上展书。一童子在取火,另一童子备器。一文士伫立拱手,似向井栏边两文士致意问候。亭后一条小径通向密林深处,曲径之上两个文士一路攀谈,一书童在前面引路。这幅画令人领略到明代文人茶会的艺术化情趣。

惠山茶会由来已久,惠山寺住持普真(性海),喜与文士交往,晚年住听松庵。明洪武二十八年(1395年),普真请湖州竹工编制竹炉。竹炉高不满尺,上圆下方，以喻天圆地方。竹炉制成后，普真汲泉煮茶，常常招待四方文人雅士，举行竹炉茶会、诗会。当时无锡画家王绂，专门为竹炉绘图，学士王达等为竹炉记序做诗，构成珍贵的《竹炉图卷》，成为明代惠山一件盛事。成化十二年(1476年)、成化十九年(1483年)、正德四年(1509年)，以听松庵竹茶炉为中心，又举行三次题咏茶会。惠山竹炉茶会延续到清代乾隆时期，清代又举行两次。

中国茶道成于唐、继于宋、盛于明、衰于清，茶会于明代尤其盛行。今人吴智和在《明人饮茶生活文化》中概括明代有园庭、社集、山水、茶寮四种茶会类型。清代以后，茶会已不复昔日的光辉。

(二)茶馆兴盛

元明以来，曲艺、评话兴起，茶馆成了这些艺术活动的理想场所。北方多说大鼓书和评书，南方则有只说不唱的纯粹说书即评话和讲唱兼用的弹词。茶馆中的说书一般在晚上，以下层劳动群众听者为多。明代市井文化的发展，使茶馆更加走向大众化。

明代的茶馆较之宋代，最大的特点是更为雅致精纯，茶馆饮茶十分讲究，对水、茶、器都有一定的要求。张岱在《露兄》一文中写道，崇祯年间，绍兴城内有家茶店用水用

□ 沈贞《竹炉山房图》

茶特别讲究,"泉实玉带,茶实兰雪。汤以旋煮,无老汤,器以净涤,无秽器。其火候汤候,有天合之者"。张岱特别喜欢这家茶馆,于是就给它取了个"露兄"的店名,典出宋代米芾的"茶甘露有兄"。

明代,南京茶馆也进入了鼎盛时期,它遍及大街小巷水陆码头,成了市民们小憩、消乏的场所。据明末吴应箕所著的《留都风闻录》载:"金陵栅口有'五柳居',柳在水中,罩笼轩楹,垂条可爱。万历戊午年,一僧赁开茶舍。"张岱在《闵老子茶》中记歙人闵汶水在南京桃叶渡开茶馆,远近闻名。

(三)茶具兴盛

1.陶瓷茶具

明代直接在茶盏或瓷壶或紫砂壶中泡茶成为时尚,茶具也因饮茶方式的改变而发生了相应的改变,从而使茶具在釉色、造型、品种等方面产生了一系列的变化。由于白色的瓷器最能衬托出茶叶所泡出的茶汤的色泽,茶盏的釉色也由原来的黑色转为白色,摒弃了宋代的黑釉盏。"宣庙时有茶盏,料精式雅,质厚难冷,莹白如玉,可试茶色,最为要用。蔡君谟取建盏,其色绀黑,似不宜用。"(屠隆《茶笺》)"茶盏惟宣窑坛盏为最,质厚白莹,样式古雅等。宣窑印花白瓯,式样得中而莹然如玉。次则嘉窑心内茶字小盏为美。欲试茶色黄白,岂容青花乱之。"(高濂《遵生八笺》)"茶瓯以白磁为上,蓝者为次之。"(张源《茶录》)这些文献记载都说明当时崇尚白釉盏,以便观茶色。

明代的茶具得到充分的发展,功用更加明确,制作更加精细。茶壶也于明代广泛使用,流的曲线部位增加成S形,流与把手的下端设在腹的中部,结构合理,更易于倾倒茶水,并且能减少茶壶的倾斜度。流与壶口平齐,使茶水不致外溢。

明代以壶泡茶,以杯盏盛之,杯盏的式样亦与前代有所不同。明代高足杯将元代接近垂直的足部改作外撇足,增加了稳定感。明代除高足杯外,小巧玲珑的日用茶具,在永乐、宣德时期也有很多新的创烧,如永乐青花瓷器中的名器压手杯,其胎体由口沿而下渐厚,坦口,折腰,圈足,执于手中正好将拇指和食指稳稳压住,并有凝重之感,故有"压手杯"之称。其外壁所绘青花缠枝莲,纹饰纤细。青白色的釉面,光泽莹润。造型玲珑的明代各式青花小杯,纹饰各有不同,千姿百态,有青花莲纹、奔马纹、花鸟纹以及"状元及第"等文字小杯,还有酱釉刻花小杯和青花褐彩鱼纹小杯,装饰图案清晰自然。

贮茶主要用瓷或宜兴紫砂陶的茶罂,形制基本为直口,丰肩、腹下渐收,圈足,造型典雅别致,既美观又实用。

2. 紫砂茶具

宜兴紫砂茶具,明代以来异军突起,在众多茶具中独树一帜。紫砂茶具以宜兴品质独特的陶土烧制而成,土质细腻,含铁量高,具有良好的透气性能和吸水性能,最能保持和发挥茶的色、香、味。"茶至明代不复碾屑和香药制团饼,此已远过古人。近百年中,壶黜银锡及闽豫瓷而尚宜兴陶,又近人远过前人处。"(周高起《阳羡茗壶系》)"壶以砂者为上,盖既不夺香,又无熟汤气。"(明代文震亨《长物志》)

明中期至明末的上百年中,宜兴紫砂艺术突飞猛进地发展起来。紫砂壶造型精美,色泽古朴,光彩夺目,成为艺术作品。"宜兴罐以龚春为上,一砂罐,直跻商彝周鼎之列而毫无愧色"(张岱《陶庵梦忆》),名贵可想而知。紫砂茶具经过民间艺术家和文人墨客的改进、创新,融会了文学、书法、绘画、篆刻等多种艺术手法,令人爱不释手。

从万历到明末是紫砂茶具发展的高峰,前后出现制壶"四名家"和"三大妙手"。"四名家"为董翰、赵梁、元畅(袁锡)、时朋。董翰以文巧著称,其余三人则以古拙见长。"三大妙手"指的是时大彬和他的两位高足李仲芳、徐友泉。时大彬为时朋之子,最初仿供春,喜欢做大壶。后来他与名士陈继儒交往,共同研究品茗之道,根据文人士大夫雅致的品味把砂壶缩小,更加符合品茗的趣味。他制作的大壶古朴雄浑,传世作品有菱花八角壶、提梁大壶、朱砂六方壶、僧帽壶等;制作的小壶令人叫绝,当时就有"千奇万状信手出"、"宫中艳说大彬壶"的赞誉。李仲芳制壶风格趋于文巧,而徐友泉善制汉方、提梁等。

□ 吴经墓提梁壶　　　　　□ 时大彬僧帽壶

明朝天启年间,惠孟臣制作的紫砂小壶,造型精美,别开生面。因他制的壶都落有"孟臣"款,遂习惯称为"孟臣壶"。此外,李养心、邵思亭擅长制作小壶,世称"名玩"。欧正春、邵氏兄弟、蒋时英等人,借用历代陶器、青铜器和玉器的造型、纹饰制作了不少超越古人的作品,广为流传。

二、泡茶道的形成与流行

明太祖朱元璋罢贡团饼茶,促进了散茶的普及。但明朝初期,饮茶延续着宋元以来的点茶法。直到明朝中叶,以散茶直接用沸水冲瀹的泡茶才逐渐流行。"吾朝所尚又不同,其烹试之法,亦与前人异。然简便异常,天趣悉备,可谓尽茶之真味矣。"(文震亨《长物志》)"今人惟取初萌之精者,汲泉置鼎,一瀹便啜,遂开千古茗饮之宗。"(沈德符《万历野获编补遗》)泡茶道在明朝中期形成并流行。

明代田艺蘅《煮泉小品》"宜茶"条记:"芽茶以火作者为次,生晒者为上,亦更近自然……生晒茶瀹之瓯中,则枪旗舒畅,清翠鲜明,尤为可爱。"以生晒的芽茶在茶瓯中冲泡,芽叶舒展,清翠鲜明,甚是可爱。这是关于散茶在瓯盏中冲泡的最早记录,时在明朝嘉靖年间,值 16 世纪中叶。田艺蘅为钱塘(今浙江杭州)人,用杯盏泡茶可能是浙江杭州一带人的发明。同为钱塘人的陈师《茶考》亦记:"杭俗烹茶,用细茗置茶瓯,以沸汤点之,名为撮泡。北客多晒之,予亦不满。"这种用细茗置茶瓯以沸水冲泡的方法又称"撮泡",亦即撮茶入瓯而泡,是杭州的习俗。

成书于明朝嘉靖至万历年间的张源《茶录》一书对壶泡法的记述尤详,因壶泡法的兴起与宜兴紫砂壶的兴起同步,壶泡法可能是苏吴一带人的发明。

据张源《茶录》和许次纾《茶疏》,壶泡茶法归纳起来有备器、择水、取火、候汤、泡茶、酌茶、品茶等程序。

备器:泡茶法的主要器具有茶炉、茶铫、茶壶、茶盏等,崇尚景德镇白瓷茶盏。

候汤:"水一入铫,便须急煮。"(《茶疏》)"烹茶要旨,火候为先。炉火通红,茶铫始上。扇起要轻疾,待有声稍稍重疾,斯文武之候也。""汤有三大辨十五小辨。三大辨为形辨、声辨、气辨。形为内辨,如虾眼、蟹眼、鱼眼、连珠,直至腾波鼓浪方是纯熟;声为外辨,如初声、始声、振声、骤声,直至无声方是纯熟;气为捷辨,如气浮一缕二缕、三缕四缕、缕乱不分、氤氲乱绕,直至气直冲贯,方是纯熟。"(《茶录》)

泡茶:探汤纯熟便取起,先注少许入壶中祛荡冷气,然后倾出。最壶投茶,有上中下三种投法:先汤后茶谓上投;先茶后汤谓下投;汤半下茶,复以汤满谓中投。茶壶以小为贵,小则香气氤氲,大则易于散漫。若独自斟,壶愈小愈佳。

酌茶:一壶常配四只左右的茶杯,一壶之茶,一般只能分酾二三次。杯、盏以雪白为上,蓝白次之。

品茶:酾不宜早,饮不宜迟,旋注旋饮。

壶泡法萌芽于中唐,酝酿于宋元,形成于明朝中期,流行于晚明以后。

撮泡法有备器、择水、取火、候汤、投茶、冲注、品啜等。直接置茶入杯盏,然后注沸水即可。

明代中期以后的社会,外有国家存亡的危机,内有安身立命的困扰。文人处此境遇,各有其调适的方式,或与世无争,或恬退放闲,纷纷以茶为性灵之寄托,借以寓志。嗜茶人士,以茶为性命,以茶为养志。士大夫以儒雅相尚,若评书、品画、瀹茗、焚香、弹琴、选石等事,无一不精。如沈周,好古博雅之士,世称沈先生。才兼三绝,风流文采,嗜好品茗。沈氏三代皆隐居不仕,所居有水竹亭馆之胜,图书鼎彝充溢。明代蔡翔《林屋集》载:南濠陈朝爵氏,性嗜茗,日以为事。如果找不到合适的茶友,就孤居深扃,焚香净几,以茗自陶。

明代茶人尤其刻意与留心茶室、茶寮的规划,如陆树声《茶寮记》、程季白《白苎草堂记》中所叙述。"小斋之外,别置茶寮。高燥明爽,勿令闭寒。寮前置一几,以顿茶注、茶盂、为临时供具。别置一几,以顿他器。旁列一架,巾帨悬之。"(许次纾《茶疏·茶所》)"构一斗室,相傍书斋,内设茶具,教一童子专主茶役,以供长日清谈,寒宵兀坐。"(屠隆《茶说·茶寮》)高濂的《遵生八笺》和文震亨《长物志》也都有关于茶寮规划布置的记载。茶寮的形制可见文征明《品茶图》和唐寅《事茗图》,是在书斋旁的单独建筑物。

若无茶寮的专设,多半于书斋、书屋中摆置茶具,以备品茶之时的需求,如费元禄的晃彩馆、周履靖的梅墟书屋,皆于斋室中备置茶炉、茶器。知己友朋来访,或萧然独处一室,汲泉烹茶,也适合茶人的身份。

明代是茶道的鼎盛时期,茶人辈出,尤其是江南一带。如苏州的朱存理、吴宽、沈周、王履约、王履吉兄弟,徐隐君、陈宗器、吴嗣业、陈朝爵、费元禄、周履靖、顾元庆等人,皆以善茗事而著称于时。

李日华在《春门徐隐君传》中说徐氏:绝意进取,日繙庄老,哦陶杜诗自适,产不及中人。洁一室,炉薰茗碗,萧然山泽之癯也。性嗜法书名画,评赏临摹,日无虚晷;隐士陈宗器,结屋数楹,榜曰"万松"以寓志,因以自号。日游息其中,宾至瀹茗燃香论往事,或杂农谈,若懵然无预人世也;吴嗣业(奕)是阁臣吴宽季弟元晖之子,其人性情尤为奇特不凡,是明代不仕而隐的典范人物之一,时人称为"茶香先生"。乐为布衣以终,萧然东庄之上,日以赋诗啜茶为事。沈周绘有《东庄图册》，其中就有反映在东庄读书品茗的情景；祝允明与当时的茶人吴大本、王濂之、沈周、史鉴、文征明、唐寅等交厚，他们"事贤友士"的诗文社集，常以品茗焚香作为前序，而后论文谈艺，乐此不疲；归有光与友人沈贞甫，时时过从，沈氏世居安亭。归氏到安亭，无事每过其精庐，啜茗论文，或至竟日。

江苏常熟钱椿年，震泽张源，昆山张谦德，江阴夏树芳、周高起，松江陆树声、陈继儒、董其昌、冯时可、徐献忠，浙江钱塘田艺蘅、高濂、陈师、许次纾、胡文焕，鄞县屠隆、屠本畯，绍兴徐渭，慈溪罗廪，四明闻龙，新都程用宾，都是有明代表性的茶人。

除前述所列，对泡茶道的发展与传播有贡献的，还有熊明遇、吴从先、祁彪、郭次甫、文震亨、李日华、徐渤、谢肇淛、龙膺、冯可宾、张大复、袁宏道、李渔、黄龙德、闵汶水等人。

三、茶文学的继续

（一）茶诗词

明清时期茶诗词而论，无论是内容，还是形式体裁，比之唐宋逊色不少。当然，这与中国文学本身的发展演变也有关。时至明清，诗词已失去了在唐宋时期的主导地位，让位于小说。因此，明清时期茶诗词的衰微也是可以想见的。

明代茶诗的作者主要有谢应芳、陈继儒、徐渭、文征明、于若瀛、黄宗羲、陆容、高启、徐祯卿、唐寅、袁宏道等。茶诗体裁不外乎古风、律诗、绝句、竹枝词、宫词等，题材有名茶、泡茶、饮茶、采茶、造茶、茶功等。

茶诗以咏龙井茶最多，如于若瀛的《龙井茶歌》、屠隆的《龙井茶》、陈继儒的《试茶》、吴宽的《谢朱懋恭同年寄龙井茶》等。其他名茶如余姚瀑布茶（黄宗羲的《余姚瀑布茶》诗）、虎丘茶（徐渭的《某伯子惠虎丘茗谢之》）、石埭茶（徐渭的《谢钟君惠石埭茶》）、阳羡茶（谢应芳的《阳羡茶》）、雁山茶（章元应的

《谢洁庵上人惠新茶》)、君山茶(彭昌运的《君山茶》)等。

茶词有王世贞的《解语花——题美人捧茶》、王世懋的《苏幕遮——夏景题茶》等。

徐渭(1521—1593),字文长,号天池山人、青藤居士,明代文学家、书画家,曾著《茶经》(已佚)。其作《某伯子惠虎丘茗谢之》:

　　虎丘春茗妙烘蒸,七碗何愁不上升。

　　青箬旧封题谷雨,紫砂新罐买宜兴。

　　却从梅月横三弄,细搅松风灺一灯。

　　合向吴侬彤管说,好将书上玉壶冰。

虎丘茶是产自苏州的明代名茶,与长兴的罗岕茶、休宁的松萝茶齐名。从"妙烘蒸"来看,似为蒸青绿散茶。为适应散茶的冲泡的需要,明代宜兴的紫砂壶异军突起,风靡天下,"紫砂新罐买宜兴"正是说明了这种情况。

陈继儒(1558—1639),字仲醇,号眉公,工诗文,善书画,与董其昌齐名。曾著《茶话》、《茶董补》,其《试茶》诗推重龙井茶:

　　龙井源头问子瞻,我亦生来半近禅。

　　泉从石出情宜冽,茶自峰生味更园。

　　此意偏于廉士得,之情那许俗人专。

　　蔡襄凤辩兰芽贵,不到兹山识不全。

苏轼曾在老龙井处的广福禅院与辩才和尚品茗谈禅,故有"龙井源头问子瞻"。用龙井泉泡龙井茶,相得益彰。诗的最后说蔡襄一味推崇兰芽茶,是因为他未到龙井地而认识上有偏颇。

(二)茶事散文

文震亨(1585—1645),字启美,他是著名书画家文征明的曾孙,书画皆有家风。平时游园、咏园、画园,也在居家自造园林。《长物志》全书十二卷,直接有关园艺的有室庐、花木、水石、禽鱼、蔬果五志,另外七志书画、几榻、器具、衣饰、舟车、位置、香茗，亦与园林有间接的关系。卷十二《香茗》：

香茗之用，其利最溥：物外高隐，坐语道德，可以清心悦神；初阳薄暝，兴味萧骚，可以畅怀舒啸；晴窗拓帖，挥麈闲吟，篝灯夜读，可以远辟睡魔；青衣红袖，密语谈私，可以助情热意；坐雨闭窗，饭余散步，可以遣寂除烦；醉筵醒客，夜雨蓬窗，长啸空楼，冰弦戛指，可以佐欢解渴；品之最优者，以沉香、岕茶为首，第焚煮有法，必贞夫韵士乃能究心耳。焚香品茗，本是文人雅事。高隐大德、贞夫韵士，坐语道德，可以清心悦神。

张大复(1554—1630)，字元长，号寒山子，又号病居士。《梅花草堂笔谈》是其代表作，其中记述茶、水、壶的有 30 多篇，如《试茶》、《茶说》、《茶》、《饮松萝茶》、《武夷茶》、《云雾茶》、《天池茶》、《紫笋茶》等篇记述了各地名茶和品饮心得。《此坐》：

一鸠呼雨，修篁静立。茗碗时共，野芳暗渡，又有两鸟咿嘤林外，均节天成。童子倚炉触屏，忽鼾忽止。念既虚闲，室复幽旷，无事此坐，长如小年。

茂林修竹，暗香浮动，鸟鸣童鼾，雅室幽旷，独坐无事，心虚念闲，忘时光之流逝。

晚明张岱(1597—?)，字石公，号陶庵，性情散淡，喜游山玩水，读书品茶，曾著《茶史》。其《闵老子茶》写他拜访茶人闵汶水及与之品茗的经过，极具雅兴。其他如《兰雪茶》、《露兄》、《禊泉》等引人入胜，都是著名茶事小品散文。

周墨农向余道闵汶水茶不置口。戊寅九月，至留都，抵岸，即访闵汶水于桃叶渡。日晡，汶水他出。迟其归，乃婆娑一老。方叙话，遽起曰："杖忘某所。"又去。余曰："今日岂可空去？"迟之又久，汶水返，更定矣。睨余曰："客尚在耶！客在奚为者？"余曰："慕汶老久，今日不畅饮汶老茶，决不去。"汶水喜，自起当炉。茶旋煮，速如风雨。导至一室，明窗净几，荆溪壶、成宣窑磁瓯十余种，皆精绝。灯下视茶色，与磁瓯无别，而香气逼人，余叫绝。余问汶水曰："此茶何产？"汶水曰："阆苑茶也。"余再啜之，曰："莫绐余！是阆苑制法，

101

而味不似。"汶水匿笑曰:"客知是何产?"余再啜之,曰:"何其似罗岕甚也?"汶水吐舌曰:"奇,奇!"余问:"水何水?"曰:"惠泉。"余又曰:"莫绐余!惠泉走千里,水劳而圭角不动,何也?"汶水曰:"不复敢隐。其取惠水,必淘井,静夜候新泉至,旋汲之。山石磊磊藉瓮底,舟非风则勿行,故水不生磊。即寻常惠水,犹逊一头地,况他水耶!"又吐舌曰:"奇,奇!"言未毕,汶水去。少顷,持一壶满斟余曰:"客啜此。"余曰:"香扑烈,味甚浑厚,此春茶耶。向瀹者是秋采。"汶水大笑曰:"予年七十,精赏鉴者无客比。"遂定交。

晚明小品文,写茶事颇多,公安、竟陵派作家,大都有茶文传世。

(三)茶事小说

明清时期,古典茶事小说发展进入巅峰时期,众多传奇小说和章回小说都出现描写茶事的章节。《金瓶梅》、《水浒传》、《西游记》、"三言二拍"等明代小说,有着许多对饮茶习俗、饮茶艺术的描写。

中国古代小说描写饮茶之多,当推《金瓶梅》为第一。《金瓶梅》为我们描绘了一幅明代中后期市井社会的饮茶风俗画卷,全书写到茶事的有八百多处之多。以花果、盐姜、蔬品入茶佐饮,表现出市井社会饮茶的特殊性。嚼式的香茶,让我们看到了古代奇特的茶品。茶具的贵重和工艺化,体现了商人富豪的生活追求。《金瓶梅》也写到清饮茶即不入杂物的茶叶,如第二十一回"吴月娘扫雪烹茶,应伯爵替花勾使"中,天降大雪,与西门庆及家中众人在花园中饮酒赏雪的吴月娘骤生雅兴,叫小玉拿着茶罐,亲自扫雪,烹江南凤团雀舌芽茶。《金瓶梅》中表现了日常生活中茶不可离、茶与风俗礼仪的结合,反映了民间饮茶习俗的普及。

四、茶艺术的继续

(一)茶戏剧

明代戏剧家高濂的《玉簪记》,写才子潘必正与陈娇莲的爱情故事,是中国古代十大喜剧之一。两人由父母指腹联姻,以玉簪为聘,后因金兵南侵而分离。《幽情》一折写陈娇莲在动乱中与母亲走散,金陵城外女真观观主将其收留,取法名妙常。潘必正会试落第,投姑母——女真观观主处安身,与妙常(陈娇莲)意外相逢。一天,妙常煮茗焚香,相邀潘必正叙谈。妙常有言道:"一炷清香,一盏茶,尘心原不染仙家。可怜今夜凄凉月,偏向离人窗外斜。"潘、陈以茶叙谊,倾吐离人情怀。昆剧演出时将之改为《茶叙》折子戏。

明代戏剧家汤显祖的代表作《牡丹亭》,写杜丽娘和柳梦梅的爱情故事,全剧共 55 出。在第八出《劝农》中,描写了杜丽娘之父、南安太守杜宝春日下乡劝农。一老妇边采茶边唱歌:"乘谷雨,采新茶,一旗半枪金缕芽。学士雪炊他,书生困想他,竹烟新瓦。"杜宝为此叹曰:"只因天上少茶星,地下先开百草精。闲煞女郎贪斗草,风光不似斗茶清。"表现谷雨节气的采茶活动。

《鸣凤记》,相传系明代王世贞(1529－1590)编剧。全剧写权臣严嵩杀害忠良夏言、曾铣。杨继盛痛斥严嵩有五奸十大罪状而遭惨戮。《吃茶》一出写的是杨继盛访问附势趋权的赵文华,在奉茶、吃茶之机,借题发挥,展开了一场唇枪舌战。其中有杨、赵的一段对白。赵曰:"杨先生,这茶是严东楼(注:严嵩之子)见惠的,如何?"杨答:"茶便好,就是不香!"赵曰:"茶便不香,倒有滋味。"杨答:"恐怕这滋味不久远!"这种含蓄的对话,使吃茶的涵义得到进一步扩展,更有回味。

(二)茶歌

茶歌的来源主要有三种,一是由诗而歌,也即由文人的作品而变成民间歌词的。再一个也是主要的来源,即是茶农和茶工自己创作的民歌或山歌。

茶歌的第三种来源,是由谣而歌,民谣经文人的整理配曲再返回民间。如明代正德年间浙江富阳一带流行的《富阳江谣》。这首民谣以通俗朴素的语言,通过一连串的问句,唱出了富阳地区采办贡茶和捕捉贡鱼,百姓遭受的侵扰和痛苦。这首歌谣大概是现在能见到的最早的茶山歌谣:"富春江之鱼,富阳山之茶。鱼肥卖我子,茶香破我家。采茶妇,捕鱼夫,官府拷掠无完肤。

昊天何不仁？此地一何辜？鱼何不生别县，茶何不生别都？富阳山，何日摧？富春水，何日枯？山摧茶亦死，江枯鱼始无！呜呼！山难摧，江难枯，我民不可苏！"

（三）茶事书法

1. 文彭《走笔谢孟谏议寄新茶》

文彭(1498—1573)，字寿承，号三桥，文征明长子。工书画，尤精篆刻，初学钟、王，后效怀素，晚年则全学过庭，而尤精于篆、隶。草书闲散不失章法，错落有致，神采风骨，兼其父文征明和孙过庭之长，甚见功力。卢仝诗《走笔谢孟谏议寄新茶》是其草书的代表作，笔走龙蛇，结体自然，一气呵成。

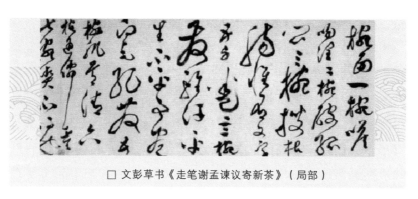

□ 文彭草书《走笔谢孟谏议寄新茶》（局部）

2. 徐渭《煎茶七类》

《煎茶七类》，行书，带有较明显的米芾笔意，笔画挺劲而腴润，布局潇洒而不失严谨，与他的另外一些作品相比，此书多存雅致之气。全文如下：

一、人品。煎茶虽微清小雅，然要须其人与茶品相得，故其法每传于高流大隐、云霞泉石之辈、鱼虾麋鹿之侣。

二、品泉。山水为上，江水次之、井水又次之。并贵汲多，又贵旋汲，汲多水活，味倍清新，汲久贮陈，味减鲜冽。

三、烹点。烹用活火，候汤眼鳞鳞起，沫浡鼓泛，投茗器中，初入汤少许，候汤茗相浃却复满注。顷间,云脚渐开,浮花浮面,味奏全功矣。盖古茶用碾屑团饼,味则易出,今叶茶是尚,骤则味亏,过熟则味昏底滞。

四、尝茶。先涤漱,既乃徐啜,甘津潮舌,孤清自萦,设杂以他果,香、味俱夺。

五、茶宜。凉台静室,明窗曲几,僧寮道院,松风竹月,晏坐行吟,清谭把卷。

六、茶侣。翰卿墨客,缁流羽士,逸老散人或轩冕之徒,超然世味也。

七、茶勋。除烦雪滞,涤醒破疾,谭渴书倦,此际策勋,不减凌烟。

是七类乃卢仝作也,中多甚疾,余临书,稍改定之。时壬辰秋仲,青藤道士徐渭书于石帆山下朱氏三宜园。

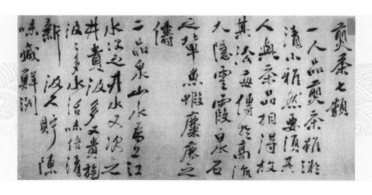

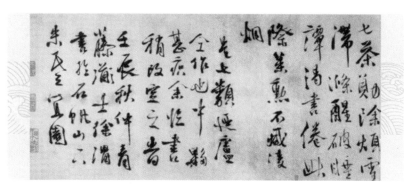

（四）茶事绘画

沈周、文征明、唐寅、仇英，在中国美术史上被称为"明四家"或"吴门四家"。四家都精于茶道，都是自然派茶人，他们放情茶事而忘忧。他们创作的山水画中颇多"茶画"，这些茶画内容丰富，不乏上乘佳作。如文征明的《惠山茶会图》、唐寅的《事茗图》，都是茶画中的精品，在中国绘画史上占有一席之地。四家中沈周、仇英的茶画作品流传下来的较少，但也不乏名作。明代还有王问的《煮茶图》、丁云鹏的《玉川烹茶图》、陈洪绶的《停琴啜茗图》等。

1. 文征明《惠山茶会图》等

文征明（1470—1559），明代著名诗人、书画家。

《惠山茶会图》详见本节前述，观赏这幅画令人领略到明代文人茶会的艺术化情趣,可以看出明代文人崇尚清韵、追求意境。

文征明尚有《品茶图》、《茶具十咏图》、《汲泉煮品图》、《林榭煎茶图》、《松下品茗图》、《煮茶图》、《煎茶图》、《茶事图》、《陆羽烹茶图》等茶事绘画。《品茶图》中茅屋正室,内置矮桌,桌上只有一壶二杯,主客对坐,相谈甚欢。侧室有泥炉砂壶,童子专心候火煮水。画上自题七绝:"碧山深处绝尘埃,面面轩窗对水开。谷雨乍过茶事好,鼎汤初沸有朋来。"末识:"嘉靖辛卯,山中茶事方盛,陆子傅对访,遂汲泉煮而品之,真一段佳话也。"可知该画作于嘉靖辛卯(1531年),屋中品茶叙谈者当是文征明、陆子傅二人。

《茶具十咏图》是诗文书画相结合的佳作。画面上空山寂寂,丘壑丛林,翠色拂人,晴岚湿润。草堂之上,一位隐士独坐凝览,神态安然。右边侧屋,一童子静心候汤煮水。《茶具十咏》是唐代诗人陆龟蒙对皮日休《茶中杂咏》十首茶诗的奉和,所以画中隐士应是陆龟蒙。画的上半幅是自题《茶具十咏》诗。

2.唐寅《事茗图》等

唐寅(1470—1523),字伯虎、子畏,号六如居士,明代著名书画家。

画面是青山环抱,林木苍翠,溪流潺潺,参天古树下,有茅屋数间。近处是山崖巨石,远

□ 文征明《品茶图》

107

处是云雾弥漫的高山，隐约可见飞流瀑布。正中是一片平地，有数橼茅屋，前立凌云双松，后种成荫竹树。茅屋之中一人正聚精会神伏案读书，书案一头摆着壶盏等茶具，墙边是满架诗书。边屋之中一童子正在煽火煮水。屋外右方，小溪上横卧板桥，一老者缓步策杖来访，身后一书童抱琴相随。画卷上人物神态生动，环境优雅，表现出幽人雅士品茗雅集的清幽之境，是当时文人学士山居闲适生活的真实写照。画卷后有唐寅用行书自题五言诗一首："日长何所事？茗碗自赏持，料得南窗下，清风满鬓丝。"

□ 唐寅《事茗图》

唐寅还有《品茶图》、《烹茶图》、《琴士图》、《卢仝煎茶图》等茶事绘画十多件。《品茶图》画的是层峦耸翠、烟波浩渺，无边无际的水域之中有座小岛，似乎是一处隐逸者与世隔绝的休养生息之地，一支小船正向小岛划去，船上的茶友会从尘世带去各种讯息。另一幅《品茶图》画面是峰峦叠嶂，一泉直泻。山下林中茅舍两间，错落相接。前间面南敞开一老一少。老者右手持盏，左手握书，悠闲地端坐品茶、读书。少者为一童子，正蹲在炉边扇火煮水。后间门南窗东，从窗中隐约可见一老一少似在炒茶。画上有自题诗："买得青山只种茶，峰前峰后摘春芽；烹煎已得前人法，蟹眼松风候自嘉"；《烹茶图》，一隐士在高山修竹旁，坐一躺椅上，右边一小童正蹲在炉前煮茶，旁边的茶几上摆着各种茶具。隐士手拈胡须，超然物外。《琴士图》画的是一位儒生在深山旷野中品茗弹琴。画面是青山松树，飞瀑流泉、琴韵炉风，茶釜里的水沸声与泉声、松声、琴声、茶人的心声交融一体。隐士在茶与自然的契合中抚琴，自然的琴声在宇宙间回响，达到物我两忘的境界。

3. 仇英《松亭试泉图》等

仇英（1494－1552），字实父，号十洲，江苏太仓人，明代著名画家。

此画名为试泉，也为试茶。画中峰峦峥嵘，岩间飞瀑数迭，流入松林溪间，临溪一松亭。两人坐于亭中，品茶赏景。亭外溪边一童子正持瓶汲水。一派山清水秀，煮泉品茶的悠闲情景。

仇英还有《烹茶洗砚图》、《陆羽烹茶图》、《试茶图》、《园居图》、《松溪论画图》等茶画。

4. 王问《煮茶图》

王问（1497－1576），江苏无锡人，明代画家。此画是继王绂《竹炉煮茶图》后的又一以竹炉煮茶为题材的画。煮茶炉是竹炉，四方形，炉外用竹编成。画左边一童展开书画卷，

□ 仇英《松亭试泉图》

一长者正在聚精会神地欣赏看。描绘了文人煮茶阅卷的情景。

□ 王问《煮茶图》（局部）

5.丁云鹏《煮茶图》

丁云鹏(1547—1628),字南羽,号圣华居士,明代画家,擅长人物、佛像、山水画。

此画以卢仝煮茶故事为题材,但所表现的已非唐代煎茶而是明代的泡茶。图中描绘了卢仝坐榻上,双手置膝,榻边置一竹炉,炉上茶瓶正在煮水。榻前几上有茶罐、茶壶、托盏和假山盆景等,旁有一长须男仆正蹲地取水。榻旁有一赤脚老婢,双手端果盘正走过来。画面人物神态生动,背景满树白玉兰花盛开,湖石和红花绿草美丽雅致。

□ 丁云鹏《煮茶图》(局部)　　　　□ 丁云鹏《玉川煮茶图》

丁云鹏尚有《玉川煮茶图》,内容与《煮茶图》大致一样,但场景有所变化。如在芭蕉和湖石后面增添几竿修竹,芭蕉树上绽放数朵红色花蕊,数后开放几丛红花,使整个画面增添绚丽色彩,充满勃勃生机。画中卢仝坐蕉林修篁下,手执羽扇,目视茶炉,正聚精会神候汤。身后焦叶铺石,上置汤壶、茶壶、茶罐、茶盏等。右边一长须男仆持壶而行,似是汲泉去。左边一赤脚老婢,双手捧果盘而来。

6.陈洪绶《停琴啜茗图》

陈洪绶(1598－1652),字章候,号老莲,明末画家。

画中描绘了两位高人逸士相对而坐,手捧茶盏。蕉叶铺地,司茶者趺坐其上。左边茶炉炉火正红,上置汤壶,近旁置一茶壶。司琴者以石为凳,置琴于石板上。硕大的花瓶中荷叶青青,白莲盛开。琴弦收罢,茗乳新沏,良朋知己,香茶间进,边饮茶边论琴。如此幽雅的环境,把人物的隐逸情调和文人淡雅的品茶意境,渲染得既充分又得体。画面清新简洁,线条勾勒笔笔精到,设色高古,高士形象夸张奇特。

陈洪绶尚有《闲话宫事图》,画中仕女把卷,男子操琴。中间为一巨型长条石桌,上置茶壶、茶杯、贮水瓮、茶盒、瓶花。《品茗图》,一人临溪、据石、盘膝而坐,左手托白色茶盏,

□ 陈洪绶《停琴啜茗图》

神态安详。右后侧石上置泥炉汤壶,左后侧岩石上置觚状花器,插绿叶白花。

五、茶书的繁盛

现存明代茶书有三十五种之多,占了现存中国古典茶书一半以上。它们是朱权《茶谱》、顾元庆《茶谱》、吴旦《茶经水辨》、吴旦《茶经外集》、田艺蘅《煮

泉小品》、徐忠献《水品》、陆树声《茶寮记》、徐渭《煎茶七类》、孙大绶《茶谱外集》、陈师《茶考》、张源《茶录》、屠隆《茶说》、陈继儒《茶话》、张谦德《茶经》、许次纾《茶疏》、程用宾《茶录》、熊明遇《罗岕茶疏》、罗廪《茶解》、冯时可《茶录》、闻龙《茶笺》、屠本畯《茗笈》、夏树芳《茶董》、陈继儒《茶董补》、龙膺《蒙史》、徐勃《蔡端明别记》、徐勃《茗谭》、喻政《茶集》、喻政《茶书全集》、黄龙德《茶说》、万邦宁《茗史》、程百二《品茶要录补》、周高起《洞山岕茶系》、周高起《阳羡茗壶系》、冯可宾《岕茶笺》、邓志谟《茶酒争奇》。其中嘉靖以前的茶书只有朱权《茶谱》一种,嘉靖时期的茶书五种,隆庆时期一种,万历时期二十二种,天启、崇祯时期六种。

最能反映明代茶学成就的是张源《茶录》和许次纾《茶疏》,其次则是田艺蘅《煮泉小品》、罗廪《茶解》、闻龙《茶笺》、黄龙德《茶说》、熊明遇《罗岕茶疏》、冯可宾《岕茶笺》等。

田艺蘅的《煮泉小品》撰于明代嘉靖甲寅(1554 年)。全书分十部分,不独详论天下之水,述及源泉、石流、清寒、甘香、灵水、弄泉、江水、井水等,还记录了当时茶叶生产和烹煎方法。《煮泉小品》记:"生晒茶瀹之瓯中,则枪旗舒畅,清翠鲜明,尤为可爱。"在茶瓯中冲泡芽茶,这是关于明朝撮泡法的最早记载。

张源,字伯渊,号樵海山人,包山(即洞庭西山,在今江苏震泽县)人。所著《茶录》,全书约千五百字,分为采茶、造茶、辨茶、藏茶、火候、汤辨、汤用老嫩、泡法、投茶、饮茶、香、色、味、点染失真、茶变不可用、品泉、井水不宜茶、贮水、茶具、茶盏、拭盏布、分茶盒、茶道等二十三则,每条都比较精练简要,言之有物,是明代茶书的经典之作。

许次纾(1549—1604),字然明,号南华,钱塘(今杭州)人,所著《茶疏》,全书约四千七百字,有产茶、今古制法、采摘、炒茶、岕中制法、收藏、置顿、取用、包裹、日用置顿、择水、贮水、舀水、煮水器、火候、烹点、秤量、汤候、瓯注、荡涤、饮啜、论客、茶所、洗茶、童子、饮时、宜辍、不宜用、不宜近、良友、出游、权宜、虎林水、宜节、辩讹、考本等三十六则,集明代茶学之大成。

明代中后期,泡茶道形成并流行,茶事文学在散文小说方面有所发展,茶事书画也超迈唐宋,代表性的有文征明、唐寅、丁云鹏、陈洪绶的茶画,徐渭的《煎茶七类》书法等。茶书创作、辑集、刊刻空前兴盛,形成了中国茶文化的第三个高峰。🫖

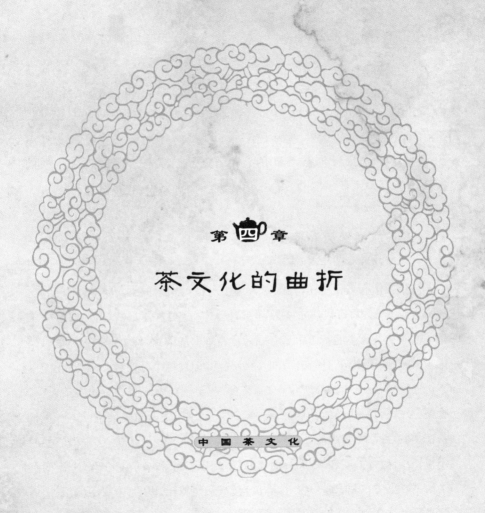

第四章

茶文化的曲折

第一节　清代茶文化的衰落

清代茶叶产区进一步扩大,名茶辈出,红茶、绿茶、黑茶、白茶、黄茶、青茶、花茶等品类齐全。茶叶对外贸易量迅速扩大,远销欧美,风靡世界。茶业经济有起有落,晚清出现向现代茶业转型的趋势。

在清朝形成了至今仍在生产的一些传统名茶。主要有西湖龙井、洞庭碧螺春、敬亭绿雪、涌溪火青、黄山毛峰、六安瓜片、太平猴魁、信阳毛尖、紫阳毛尖、舒城兰花、庐山云雾、桂平西山茶、南山白毛茶、贵定云雾茶、武夷岩茶、安溪铁观音、凤凰水仙、六堡茶、正山小钟红茶、闽红工夫红茶、祁门工夫红茶、君山银针、鹿苑茶、莫干黄芽、白毫银针、白牡丹等。

一、茶馆的繁荣和茶具的发展

(一)茶馆的繁荣

清代茶馆有多种多样,有以卖茶为主的清茶馆。前来清茶馆喝茶的人,以文人雅士居多,所以店堂一般都布置得十分雅致,器具清洁,四壁悬挂字画。在以卖茶为主的茶馆中还有一种设在郊外的茶馆,称为野茶馆。这种茶馆,只有几间土房,茶具是砂陶的,条件简陋,但环境十分恬静幽雅,绝无城市茶馆的喧闹;有既卖茶又兼营点心、茶食,甚至还经营酒类的荤铺式茶馆,具有茶、点、饭合一的性质,但所卖食品有固定套路,故不同于菜馆。还有一种茶馆是兼营说书、演唱的书茶馆,是人们娱乐的好场所。如北京东华门外的东悦轩、后门外的同和轩、天桥的福海轩,就是当时著名的书茶馆。上海的书茶馆主要集中在城隍庙一带,像春风得意楼、四美轩、里园、乐圃阆、爽乐楼等都是当时有名的兼营说书的茶馆。

清代茶馆还和戏园紧密联系在一起。最早的戏馆统称为茶园,是朋友聚会喝茶谈话的地方,看戏不过是附带性质。如北京最古老的戏馆广和楼,又名"查家茶楼",系明代巨室查姓所建,坐落在前门肉市。四川的演戏茶园有成都的"可园"、"悦来茶园"、"万春茶园"、"锦江茶园";重庆有"萃芳茶园"、"群仙茶园",自贡有"钧天茶园",南充有"果山茶园",等等,它们推动和发展了川剧艺术。上海早期的剧场也以茶园命名,如"丹桂茶园"、"天仙茶园"等。

吴敬梓《儒林外史》第二十四回说到当时南京就有茶社千余处,有一条街就有30多处。南京的不少茶馆不仅有点心供应,而且允许艺人在这里说书、卖唱,以招揽顾客,明末的著名说书艺人柳敬亭就曾经在这一带说时书。乾隆年间,南京著名的茶肆"鸿福园"、"春和园"都设在夫子庙文星阁附近。"各据一河之胜,日色亭午,座客常满。或凭栏而观水,或促膝以品泉。"茶馆还供应瓜子、酥烧饼、春卷、水晶糕、猪肉烧卖,等等,茶客称便。当时秦淮河畔茶馆林立,茶客络绎不绝。

李斗《扬州画舫录》中记:"吾乡茶肆,甲于天下。多有以此为业者,出金建造花园,或鬻故家大宅废园为之。楼台亭舍,花木竹石,杯盘匙箸,无不精美。""辕门桥有二梅轩、蕙芳轩、集芳轩,教场有腕腋生香、文兰天香,埂子上有丰乐园,小东门有品陆轩,广储门有雨莲,琼花观巷有文杏园,万家园有四宜轩,花园巷有小方壶⋯⋯"这些都是清代中期扬州的著名茶肆。

清代是我国茶馆的鼎盛时期,茶馆遍布城乡,其数量之多也是历代所少见的。仅北京有名的茶馆就多达30家,上海多达60家。乡镇茶馆的发达也不亚于大城市,如江苏、浙江一带,有的全镇居民只有数千家,而茶馆可以达到百余家之多。

(二)茶具的发展

清代饮茶方式与明代基本相同,茶具造型无显著变化,瓷质茶具仍以景德镇为代表。清代茶具釉色较前代丰富,品种多样,有青花、粉彩以及各种颜色釉。茶壶口加大,腹丰或圆,短颈,浅圈足,流短直,设于腹部,把柄为圆形,附于肩与腹之间,给人以稳重之感。如造型新颖别致的青花山水纹提梁壶,所绘青花纹饰色泽明快。此外,尚有造型沉稳古雅的青花带字双系壶,色泽艳丽的粉彩花鸟、花蝶纹提壶,彩麒麟送子图提梁壶,等等。

在款式繁多的清代茶具中,首见于康乾年间的盖碗,开了一代先河,延续至今。盖碗由盖、碗、托三位一体组合而成。盖利于保持温度和茶香,撇口利于注水和倾渣清洁,托利于隔热而便于端接。品茶时,一手把碗,一手持盖,一边以盖拨开漂浮于水面的茶叶,一边细品香茗,给人以从容不迫的感觉。使用盖碗又可以代替茶壶泡茶,可谓当时饮茶器具的一大改进。

清代饮茶用杯,无论是釉色、纹饰,还是器型方面,都有进一步的发展。有造型、纹饰各异的小杯以及色彩艳丽的五彩龙凤纹小杯,造型清秀大方的青花釉里红花卉纹杯和青花团凤纹杯,体现了清代以来人们对文化、生活艺术的追求。清代茶具中,还有壶、若干小杯以及茶盘配套组合使用的。壶、杯、盘绘以相应的纹饰,独具韵味。

到了清代,紫砂艺术进入了鼎盛时期。这一时期的陈鸣远是继时大彬以后最为著名的壶艺大家。陈鸣远制作的茶壶,线条清晰,轮廓明显,壶盖有行书"鸣远"印章,至今被视为珍藏。他的作品铭刻书法讲究古雅、流利。乾隆晚期到嘉庆、道光年间,宜兴紫砂又步入了一个新的阶段。在紫砂壶上雕刻花鸟、山水和各体书法,始自晚明而盛于清嘉庆以后。当时江苏溧阳知县陈曼生工于诗文、书画、篆刻,特意到宜兴和杨彭年配合制壶。杨彭年的制品,雅致玲珑,不用模子,随手捏成,天衣无缝,被人推为"当世杰作"。陈曼生设计,杨彭年制作,再由陈氏镌刻书画,其作品世称"曼生壶",一直为鉴赏家们所珍藏。所制壶形多为几何体,质朴、简练、大方,开创了紫砂壶样一代新风。至此,中国传统文化"诗书画"三位一体的风格完美地与紫砂融为一体,使宜兴紫砂文化内涵达到一个新高度。

□ 陈鸣远东陵瓜壶　　　　　　　　□ 陈曼生石瓢壶

从清初康熙开始,紫砂壶引起了宫廷的重视,由宜兴制作紫砂壶胎,进呈后由宫廷艺匠们画上珐琅彩后烧制成彩釉名壶。彩釉紫砂器,是为了满足达官贵人追求华丽富贵的心理要求而生产的,是紫砂装饰的新工艺。它是紫砂工艺和景德镇的釉上彩工艺结合起来的尝试,曾于清代风靡一时。由于这种装饰掩盖了紫砂器自然、质朴的本质特点,因而没有得到进一步的发展。尽管如此,也产生不少传世佳作。如宜兴彩绘人物紫砂壶,腹部均彩绘戏剧人物,色彩明艳,生动趣致。造型高贵优雅的宜兴蓝彩壶、杯,器物内壁施以柔和悦目的白彩,外壁施以华贵的蓝彩,令人倍加珍爱。这些紫砂茶具,反映了这时期紫砂加彩器的工艺水平。

到咸丰、光绪末期,紫砂艺术没有什么发展,此时的名匠有黄玉麟、邵大享等人。黄玉麟的作品有明代淳朴清雅之风格,擅制掇球壶。而邵大享则以浑朴取胜,他创造了鱼化龙壶,此壶的特点是龙头在倾壶倒茶时自动伸缩,堪称鬼斧神工。

□ 珐琅五彩花卉紫砂方壶

二、泡茶道的衰落

茶道入清后开始衰落,但并非消亡,甚至在局部地区还有所发展。作为中国茶道代表的工夫茶道就形成、兴盛于清代。

工夫茶主要流行于广东、福建和台湾地区,是用小壶冲泡青茶(乌龙茶),属泡茶道的一种,主要程序有治壶、投茶、出浴、淋壶、烫杯、酾茶、品茶等。

"工夫茶,烹治之法,本诸陆羽《茶经》,而器具更为精致。炉形如截筒,高约一尺二三寸,以细白泥为之。壶出宜兴窑者最佳,圆体扁腹,努咀曲柄,大者可受半升许。杯盘则花瓷居多,内外写山水人物,极工致,类非近代物。然无款志,制自何年,不能考也。炉及壶、盘各一,惟杯之数,则视客之多寡。杯小而盘如满月。此外尚有瓦铛、棕垫、纸扇、竹夹,制皆朴雅。壶、盘与杯,旧而佳者,贵如拱璧,寻常舟中不易得也。先将泉水贮铛,用细炭煎至初沸,投闽茶于壶内冲之;盖定,复遍浇其上;然后斟而细呷之,气味芳烈,较嚼梅花更为清绝,非拇战轰饮者得领其风味。……"(俞蛟《梦厂杂著·潮嘉风月·工夫茶》)俞蛟,字清源,又字六爱,号梦厂居士,乾嘉时人。《梦厂杂著》于嘉庆六年(1801年)四月成书,俞文所记器具有白泥炉、宜兴砂壶、瓷盘、瓷杯、瓦铛、棕垫、纸扇、竹夹等,其泡饮程序则为治器、候汤、纳茶、冲点、淋壶、斟茶、品茶等。工夫茶得名在清朝中叶的乾嘉年间。

"工夫茶，闽中最盛。茶产武彝诸山，采其茶，窨制如法。……壶皆宜兴砂质，龚春时大彬，不一式。每茶一壶，需炉铫三。候汤，初沸蟹眼，再沸鱼眼，至联珠沸则熟矣。水生汤嫩，过熟汤老，恰到好处颇不易，故谓天上一轮好月，人间中火候。一瓯好茶，亦关缘法，不可幸致也。第一铫水熟，注空壶中，荡之泼去；第二铫水已熟。预用器置茗叶，分两若干，立下壶中。注水，覆以盖，置壶铜盘内；第三铫水又熟，从壶顶灌之周四面；则茶香发矣。瓯如黄酒卮，客至每人一瓯，含其涓滴，咀嚼而玩味之。若一鼓而牛饮，即以为不知味，肃客出矣。"(寄泉《蝶阶外史·工夫茶》)茶用武夷茶，器有炉、铫、宜兴砂壶、铜盘、茶瓯等，其泡饮程序有治器、候汤、涤壶、纳茶、冲点、淋壶、斟茶、品茶等。《蝶阶外史》的作者寄泉，号外史，清代咸丰时人。

民国时期编辑出版的《清朝野史大观·清代述异》"功夫茶二则"记："中国讲求烹茶，以闽之汀、漳、泉三府，粤之潮州府功夫茶为最。其器具精绝，用长方瓷盘，盛壶一、杯四，壶以铜制，或用宜兴壶，小裁如拳。杯小如胡桃，茶必用武夷。客至，将啜茶，则取壶置径七寸、深寸许之瓷盘中。先取凉水漂去茶叶中尘滓。乃撮茶叶置壶中，注满沸水，既加盖，乃取沸水徐淋壶上。俟水将满盘，乃以巾覆，久之，始去巾。注茶杯中奉客，客必衔杯玩味，若饮稍急，主人必怒其不韵。"到了清末，又增加了洗茶(先取凉水漂去茶叶尘滓)、覆巾的程序。

连横在其《雅堂先生文集》"茗谈"中记:"台人品茶,与中土异,而与漳、泉、潮相同,盖台多三州人,故嗜好相似。""茗必武夷,壶必孟臣,杯必若深,三者为品茶之要,非此不足自豪,且不足待客。……"连横,字雅堂,台湾人,生当清末民国时期,撰有《台湾通史》、《台湾语典》、《台湾考释》等书。台湾与漳州、泉州、潮州同尚工夫茶,茶必武夷,壶必孟臣,杯必若深,非此不能待客。

三、茶文学的维持

(一)茶诗词联

清代茶诗词作者主要有曹雪芹、爱新觉罗·弘历(乾隆皇帝)、郑燮、陆廷灿、汪士慎、施润章、阮元、吴嘉纪、丘逢甲等人。

茶诗以咏龙井茶最多,乾隆皇帝南巡到杭州西湖,写下了四首咏龙井茶诗:《观采茶作歌(前)》、《观采茶作歌(后)》、《坐龙井上烹茶偶成》、《再游龙井作》。其他有武夷茶(陆廷灿《咏武夷茶》)、鹿苑茶(僧全田《鹿苑茶》)、岕茶(宋佚《送茅与唐人宜兴制秋岕》)、松萝茶(郑燮诗)等。茶词有郑燮的《满庭芳——赠郭方仪》等。

郑燮(1693—1765),字克柔,号板桥,清代著名的"扬州八怪"之一,他能诗善画,工书法。其诗放达自然,自成一格。郑板桥有多首茶诗,其《题画诗》:

不风不雨正晴和,翠竹亭亭好节柯。

最爱晚凉佳客至,一壶新茗泡松萝。

清高宗爱新觉罗·弘历(1711—1799),年号乾隆,故亦称其乾隆皇帝。乾隆皇帝是位爱茶人,作有近三百首茶诗。乾隆二十七年(1762年)三月甲午朔日,他第三次南巡杭州,畅游龙井,并在龙井品茶,写下《坐龙井上烹茶偶成》:

龙井新茶龙井泉,一家风味称烹煎。

寸芽生自烂石上,时节焙成谷雨前。

何必凤团夸御茗,聊因雀舌润心莲。

呼之欲出辩才出,笑我依然文字禅。

在我国,凡是"以茶联谊"的场所,诸如茶馆、茶楼、茶亭等的门庭或石柱上,茶艺表演的厅堂内,往往可以看到以茶为题材的楹联、对联,既美化了环境,增强文化气息,又增进了品茗情趣。

重庆嘉陵江茶楼一联,更是立意新颖,构思精巧:

楼外是五百里嘉陵,非道子一笔画不出;

胸中有几千年历史,凭卢仝七碗茶引来。

成都望江楼有一联:"花笺茗碗香千载,云影波光活一楼。"为清代何绍基书写,把一个望江楼写活了。

"竹雨松风琴韵,茶烟梧月书声。"清代名士溥山所题。此联恰是一幅素描风景画,潇潇竹雨,阵阵松风,在这样的环境中调琴煮茗,读书赏月,的确是无边风光的雅事。

郑燮一生中曾书写过许多茶联,例如:

扫来竹叶烹茶叶,劈碎松根煮菜根。

汲来江水烹新茗,买尽青山当画屏。

墨兰数枝宣德纸,苦茗一杯成化窑。

雷文古钱八九个,日铸新茶三两瓯。

白菜青盐粑子饭,瓦壶天水菊花茶

从来名士能评水,自古高僧爱斗茶。

楚尾吴头,一片青山入座;淮南江北,半潭秋水烹茶。

竹雨松风琴韵 茶烟梧月书声

庚辰年春月 孙志荣于北京

（二）茶事散文

张潮（1650—?），字山来，号心斋、仲子，文学家、刻书家。他是徽州歙县人，对松萝茶自然很熟知，于是作《松萝茶赋》：

新安桑梓之国，松萝清妙之山。钟扶舆之秀气，产佳茗于灵岩。素朵颐于内地，尤扑鼻于边关。方其嫩叶才抽，新芽初秀，恰当谷雨之前，正值清明之候。执懿筐而采采，朝露方晞。呈纤手而扳扳，晓星才溜。于是携归小苑，偕我同人，芟除细梗，择取桑针。活火炮来，香满村村之市。箬笼装就，签题处处之名。若乃价别后先，源分南北。孰同雀舌之尖，谁比鹦翰之绿。第其高下，虽出于狙侩之品评。辨厥精麤，即证于缙绅而允服。既而缓提佳器，旋汲山泉，小铛慢煮，细火微煎。蟹眼声希，恍奏松涛之韵。竹炉候足，疑闻涧水之喧。于焉新茗急投，磁瓯缓注。一人得神，二人得趣。风生两腋，鄙卢仝七椀之多。兴溢百篇，驾青莲一斗之酣。其为色也，比黄而碧，较绿而娇。依稀乎玉笋之干，仿佛乎金柳之条。嫩草初抽，庶足方其逸韵。晴川新涨，差可拟其高标。其为香也，非麝非兰，非梅非菊。桂有其芬芳而逊其清，松有其幽逸而无其馥。微闻芳泽，宛持莲叶之杯。慢挹馤馧，似泛荷花之澳。其为味也，人间露液，天上云腴。冰雪净其精神，淡而不厌。流瀣同其鲜洁，冽则有余。沁人心脾，魂梦为之爽朗。甘回齿颊，烦苛赖以消除。则有贸迁之辈，市隐者流，罔惮驰驱之远，务期道里之周。望燕赵滇黔而跋涉，历秦楚齐晋而遨游。爰有赏鉴之家，茗战之主，取雪水而烹，傍竹熸而煮。品其臭味，堪同阳羡争衡。高其品题，羞与潜霍为伍。尔乃驾武夷、轶六安、奴湘潭、敌蒙山，纵搜肠而不滞，虽苦口而实甘。故夫口不能言，心惟自省。合色与香味而并臻其极，悦目与口鼻而尽撼其恫。润诗喉而消酒渴，我亦难忘。媚知己而乐嘉宾，谁能不饮。

文章对松萝茶的采制、烹饮方法、品质特点、流通地区等竭尽铺排、渲染，文采焕然，文笔生动，堪为中国名茶赋中绝唱。

□ 休宁松萝茶及其包装

全祖望(1705—1755),字绍衣,号谢山、鲒埼亭长,文学家、史学家。乾隆二年(1737 年),全祖望 33 岁时辞官还乡,对四明十二雷茶进行详尽考证,并在产地虹岭亲自建灶复制《十二雷茶灶赋并序》是他在建造茶灶时,祈求茶神保佑,赐予四明十二雷绝品写下的著名茶赋。

清代,李渔《闲情偶寄》、袁枚《随园食单》、郑板桥的画跋中都有写茶的佳篇。

(三)茶事小说

清代,众多传奇小说和章回小说都出现描写茶事的章节,如《红楼梦》第四十一回"贾宝玉品茶栊翠庵"、《镜花缘》第六十一回"小才女亭内品茶"、《老残游记》第九回"三人品茶促膝谈心"等。据统计,《红楼梦》120 回中有 112 回372 处写到茶事,《儒林外史》全书 56 回中有 45 回 301 处写到茶事。其他如《儿女英雄传》、《醒世姻缘传》、《聊斋志异》等小说,也有对饮茶习俗的描写。

《儒林外史》是清朝的一部著名的长篇讽刺小说。在这部作品中,对于茶事的描写有三百多处,其中写到的茶有梅片茶、银针茶、毛尖茶、六安茶等。在第四十一回《庄濯江话旧秦淮河 沈琼枝押解江都县》中,细腻地描写了秦淮河畔的茶市:

话说南京城里,每年四月半后,秦淮景致,渐渐好了。那外江的船,都下掉了楼子,换上凉棚,撑了进来。船舱中间,放一张小方金漆桌子,桌上摆着

125

宜兴沙壶,极细的成窑、宣窑的杯子,烹的上好的雨水毛尖茶。那游船的备了酒和储馔及果碟到这河里来游,就是走路的人,也买几个钱的毛尖茶,在船上煨了吃,慢慢而行。到天色晚了,每船两盏明角灯,一来一往,映着河里,上下明亮。

纵观众多古典小说,描写茶事最为细腻、生动而寓意深刻的非《红楼梦》莫属,堪称中国古典小说中写茶的典范。

《红楼梦》所描绘的荣宁贾府贵族的日常生活中,煎茶、烹茶、茶祭、赠茶、待客、品茶这类茶事活动可谓比比皆是。《红楼梦》中全面展示了中国传统的茶俗,例如"以茶祭祀"、"客来敬茶"、"以茶论婚嫁"、"吃年茶",还有"宴前茶"、"上果茶"、"茶点心"、"茶泡饭"等,可见《红楼梦》中的茶俗是多么丰富多彩!

贾府是贵族之家,对饮茶的讲究自然也不同于平民百姓之家,用茶的种类、烹饮茶的用具追求奢华,以不失贵族之家的身份地位。《红楼梦》写到的茶名有好几种,如贾母不喜吃的"六安茶"、妙玉特备的"老君眉"、怡红院里常备的"普洱茶"("女儿茶")、茜雪端上的"枫露茶"、黛玉房中的"龙井茶"。还有来自外国——暹罗国(泰国)进贡的"暹罗茶",这些茶,涉及到绿茶、红茶和黑茶三类。

在《红楼梦》中,写茶最精彩的当是第四十一回"贾宝玉品茶栊翠庵,刘姥姥醉卧怡红院",写史老太君带了刘姥姥一行人来到栊翠庵,妙玉以茶相待的情形:

只见妙玉亲自捧了一个海棠花式雕漆填金云龙献寿的小茶盘,里面放一个成窑五彩小盖钟,捧与贾母。贾母道:"我不吃六安茶。"妙玉笑说:"知道。这是老君眉。"贾母接了,又问:"是什么水?"妙玉道:"是旧年蠲的雨水。"贾母便吃了半盏,笑着递与刘姥姥,说:"你尝尝这个茶。"刘姥姥便一口吃尽,笑道:"好是好,就是淡些,再熬浓些更好了。"贾母众人都笑起来。然后众人都是一色官窑脱胎填白盖碗。

那妙玉便把宝钗和黛玉的衣襟一拉，二人随他出去。宝玉悄悄的随后跟了来。只见妙玉让他二人在耳房内，宝钗便坐在榻上，黛玉便坐在妙玉的蒲团上。妙玉自向风炉上扇滚了水，另泡了一壶茶。宝玉便轻轻走了进来，笑道："偏你们吃体己茶呢！"二人都笑道："你又赶了来撒茶吃！这里并没你的。"

妙玉刚要去取杯，只见道婆收了上面的茶盏来。妙玉忙命："将那成窑的茶杯别收了，搁在外头去罢。"宝玉会意，知为刘姥姥吃了，他嫌腌臜，不要了。又见妙玉另拿出两只杯来。一个傍边有一耳，杯上镌着"分瓜瓟斝"三个隶字，后有一行小真字，是"晋王恺珍玩"，又有"宋元丰五年四月眉山苏轼见于秘府"一行小字。妙玉便斟了一斝，递与宝钗。那一只形似钵而小，也有三个垂珠篆字，镌着"点犀{乔皿}"。妙玉斟了一{乔皿}与黛玉。仍将前番自己常日吃茶的那只绿玉斗来斟与宝玉。宝玉笑道："常言'世法平等'，他两个就用那样古玩奇珍，我就是个俗器了？"妙玉道："这是俗器？不是我说狂话，只怕你家里未必找的出这么一个俗器来呢！"宝玉笑道："俗语说'随乡入乡'，到了你这里，自然把那金玉珠宝一概贬为俗器了。"

妙玉听如此说，十分欢喜，遂又寻出一只九曲十环一百二十节蟠虬整雕竹根的一个大盏出来，笑道："就剩了这一个，你可吃的了这一海？"宝玉喜的忙道："吃的了。"妙玉笑道："你虽吃的了，也没这些茶你糟蹋。岂不闻'一杯为品，二杯即是解渴的蠢物，三杯便是饮牛饮骡了'。你吃这一海，更成什么？"说的宝钗、黛玉、宝玉都笑了。妙玉执壶，只向海内斟了约有一杯。宝玉细细吃了，果觉轻淳无比，赏赞不绝。妙玉正色道："你这遭吃茶，是托他两个的福，独你来了，我是不给你吃的。"宝玉笑道："我深知道，我也不领你的情，只谢他二人便了。"妙玉听了，方说："这话明白。"

黛玉因问："这也是旧年的雨水？"妙玉冷笑道："你这么个人，竟是大俗人,连水也尝不出来! 这是五年前我在玄墓蟠香寺住着,收的梅花上的雪,统共得了那一鬼脸青的花瓮一瓮,总舍不得吃,埋在地下,今年夏天才开了。我只吃过一回,这是第二回了。——你怎么尝不出来? 来年蠲的雨水那有这样清淳? 如何吃得!"

妙玉可以说得中国茶道之真传,深谙茶道真谛,她的"一杯为品"的妙论为后来的茶人们所津津乐道。妙玉具有很高的文化修养,她心契庄子之文,才情超众,品格特高。曹雪芹通过塑造妙玉的个性形象,细腻而深刻地展现了贵族上层的品茗雅韵。

曹雪芹用《红楼梦》生动形象地传播了茶文化,而茶文化又丰富了他的小说情节,深化了小说中的人物性格。《红楼梦》中所蕴藏的茶文化内容非常丰富,这是古代一切小说所不能相提并论的。在中国古典小说中,《红楼梦》关于茶文化的描写堪称典范。

四、茶艺术的维持

(一)茶戏剧

在中国的传统戏剧剧目中,还有不少表现茶事的情节。

1.《四婵娟·斗茗》

洪昇编剧。《斗茗》为《四婵娟》之第三折,写的是宋代女词人李清照与丈夫、金石学家赵明诚"每饭罢,归来坐烹茶,指堆积书史,言某事在某书、某卷、第几页、第几行,以中否角胜负,为饮茶先后"的斗茶故事,描写了李清照的富有文学艺术情趣的家庭生活。

2.采茶戏《茶童戏主》

茶不仅广泛地渗透到戏剧之中,而且在中国还有以茶命名的戏剧剧种。可以说,在世界上,仅有中国由茶事发展产生出独立的剧种——"采茶戏"。

所谓采茶戏,是流行于江西、湖北、湖南、安徽、福建、广东、广西等省区的一种戏剧类别,是直接从采茶歌和采茶灯舞脱胎发展起来的一种地方戏剧。在各省,通常还以流行的地区不同,而冠以各地的地名来加以区别。如安徽的"祁门采茶戏",广东的"粤北采茶戏",湖北的"阳新采茶戏"、"黄梅采茶戏",等等。这种戏剧,以江西较为普遍,有"赣南采茶戏"、"抚州采茶戏"、"南昌采茶戏"、"武宁采茶戏"、"赣东采茶戏"、"吉安采茶戏"、"景德镇采茶戏"和"宁都采茶戏"等。今天广为流行的"黄梅戏",也是从"黄梅采茶戏"发展而来的。这些剧种虽然名目繁多,但它们形成的时间,大致都在清代中期至清代末年这一阶段。

另外,有些地方的采茶戏,如湖北蕲春采茶戏,在演唱形式上,也多少保持了过去民间采茶歌、采茶舞的一些传统,其特点是一唱众和,即台上一名演员演唱,其他演员和乐师在演唱到每句句末时,和唱"啊嗬"、"咿哟"之类的帮腔。演唱、帮腔、锣鼓伴奏,使曲调更婉转,节奏更鲜明,风格独具,也更带泥土的芳香。

可以这样说,如果没有采茶劳动,也就不会有采茶的歌和舞;如果没有采茶歌、采茶舞,也就不会有广泛流行于中国南方许多省区的采茶戏。所以,采茶戏是茶文化在戏剧领域派生或戏剧吸收茶文化而形成的一种艺术,是茶文化对中国戏剧艺术的突出贡献。当然,当后来采茶戏成为一个剧种后,由于题材不断丰富,剧目不断增多,其表演的内容,就不限于与茶事有关的范围了。

□ 《茶童戏主》剧照

　　《茶童戏主》是赣州采茶戏的代表作,根据《九龙山摘茶》(又叫《大摘茶》)改编。赣州府大茶商朝奉上山买茶收债,其妻担心他在外不规矩,交代茶童看住他。哪知朝奉本性难改,路上要船娘唱阳关小曲,茶童提醒他,又发生矛盾。上茶山后,看见漂亮姑娘二姐又起歹心,故意压低茶价催债。又瞒过茶童,要店嫂去做媒。待茶童识破后告知二姐,用计策假允婚姻,把朝奉的债约烧掉。朝奉逼二姐成亲拜堂,朝奉妻子及时赶到,锁走朝奉。故事生动有趣,情节引人入胜,诙谐风趣。《九龙山摘茶》是一出比较完整的整本大戏,又叫《大摘茶》,它是在《小摘茶》(即《姐妹摘茶》)和《九龙茶灯》的基础上发展起来的。最初是两旦一丑的歌舞小戏,后来增加了两个茶女,一个茶娘,并加入了梳妆、挑帘、发灯、出门、上山、摘茶、摆字(摆"天下太平"四个字)等情节,音乐上也吸收了一些民间曲牌和吹打乐器,更名为《九龙茶灯》。到清代嘉庆末年(1815年),这出戏传到赣县以后,经王母渡下邦村李斌腾口头传授,由当地副榜举人李汤凭加工改编后,得到了很大发展。它在原来单纯反映茶户劳动过程的基础上,又增加了茶商朝奉告别妻子前往九龙山收购春茶,途中落店、闹五更、上山看茶、尝茶议价,关茶下山、搭船回程、接风团圆等情节,剧中人物由原有六人(四个茶女、一个茶童、一个茶娘)增添了朝奉、朝奉妻、丫环、店嫂、艄婆子、仙子等角色,行当更齐全了,音乐上除大量吸收民间灯彩曲牌和吹打音乐外,还吸收了一些东河戏的高腔、西皮和石牌调,等等。全剧共分十三场,四十多折,大部份曲牌采用唢呐加民间锣鼓伴奏,气氛热烈,保持了浓郁的赣南民间灯戏艺术的风格色彩。

3. 岳西高腔《采茶记》

岳西高腔古属青阳腔,在明万历年间与昆腔齐名,有"时调青昆"之说。此剧种明末清初走向衰落,到解放前夕,几至绝迹,只有岳西县民间继续演唱传承。1957年,文化部根据其发现地,定名为岳西高腔。岳西高腔演唱内容和形式与民情民俗融成一体,现已入选国家首批非物质文化遗产名录。

岳西高腔《采茶记》,是一出反映皖西茶事的地方传统戏剧,剧本大约成于清代中期。全剧分《找友》、《送别》、《路遇》、《买茶》四场,穿插《采茶》、《倒采茶》、《盘茶》、《贩茶》四组茶歌,共一万二千余字。内容写扬州茶商宋福到皖西茶区买茶,找一本万利(人名)作向导兼担夫。一本万利辞双亲,妻子与茶商一道,翻山越岭,历尽艰辛,来到闵山茶区,可惜闵山茶户的茶叶已卖完。只好约定明年多带银两,提早前来。

第三场《路遇》:"(末白)你既贩山茗,你可知行情好歹、茶价高低?……万山云雾茶、闵山钻林茶、徽州松萝茶、六安毛尖茶、霍山连枝茶,五处都好。"又有"(丑白)行师,你的茶名甚多,我小子也要数几个茶名,你且听着:粗茶出在闵家山,细茶出在万山尖……我还有,清明茶、谷雨茶、雨前茶、雨后茶、雨前雨后雨丝茶。清明清,鼓叮叮,二四八月连枝青,叶子包得盐,杆子能撑船。(行白)叫什么名字?(丑白)名字叫作老飞天。"这里除按季节分类的雨前雨后等茶外,有万山云雾茶:系产于今天岳西县明堂山和潜山县天柱山间崇山峻岭中的云雾茶。明堂山,古称皖母山,民间称"母万山";天柱山,古称皖公山,民间称"公万山"。闵山钻林茶:为今岳西县田头乡闵山村雪山庵周围深山密林间所产茶叶。徽州松萝茶:产于休宁等县。六安毛尖茶:产于六安市霍山、金寨等县区。霍山连枝茶:产于霍山县及岳西县的包家、头陀一带。姚范《援鹑堂笔记》(书成于 18 世纪 60 年代):"六安茶产霍山。……第四曰细连枝。"老飞天茶:根据"叶子包得盐,杆子能撑船"的特征描述,应是产于霍山、岳西、金寨、舒城一带的黄大茶或绿大茶。

剧中茶商四季贩茶,将茶叶销到了浙江、福建、湖南、湖北、江西、江苏、山东、河北、河南、陕西和安徽的六安、徽州等地。所述情景,与我国明清时期各地茗饮成风、茶市发达的史实完全相符。

岳西高腔《采茶记》,通篇茶情茶俗异彩纷呈,茶香四溢。

(二)茶歌

一是由诗而歌,也即由文人的作品变成民间歌词。如清代钱塘(今杭州)人陈章的《采茶歌》,写的是"青裙女儿"在"山寒芽未吐"之际,被迫细摘贡茶的辛酸生活。歌词是:"凤凰岭头春露香,青裙女儿指爪长。渡洞穿云采茶去,日午归来不满筐。催贡文移下官府,哪管山寒芽未吐。焙成粒粒比莲心,谁知侬比莲心苦。"

二是茶农和茶工自己创作的民歌或山歌。中国各民族的采茶姑娘,历来都能歌善舞,特别是在采茶季节,茶区几乎随处可见到尽情歌唱的情景。清代有一首流传在江西到武夷山采制茶叶的茶工中的茶歌:

清明过了谷雨边,背起包袱走福建。

想起福建无走头,三更半夜爬上楼。

三捆稻草搭张铺,两根杉木做枕头。

想起崇安真可怜,半碗腌菜半碗盐。

茶叶下山出江西,吃碗青菜赛过鸡。

采茶可怜真可怜,三夜没有两夜眠。

茶树底下冷饭吃,灯火旁边算工钱。

武夷山上九条龙,十个包头九个穷。

年轻穷了靠双手,老来穷了背竹筒。

这是茶工生活的一个侧面。茶工们白天上山采茶,晚上还要加班赶制毛茶,因此非常辛苦劳累。茶歌唱起来凄怆哀婉,令人感慨。

茶歌中大量的是反映茶业生产劳动、赞美茶山茶园茶事的作品,而情歌也是茶歌中的重要组成部分,茶歌中最优美动人的正是这些茶歌。如台湾民间茶歌:"得蒙大姐暗有情,茶杯照影影照人;连茶并杯吞落肚,十分难舍一条情。""采茶山歌本正经,皆因山歌唱开心。山歌不是哥自唱,盘古开天唱到今。"

这些茶歌,开始未形成统一的曲调,后来,孕育产生出了专门的"采茶调",以至使采茶调和山歌、盘歌、五更调、川江号子等并列,发展成为我国南方的一种传统民歌形式。当然,当采茶调变成民歌的一种格调后,其歌唱的内容,就不一定限于茶事或与茶事有关的范围了。

茶歌是开放在民歌艺苑中的一朵奇葩,它的曲调优美动听,节奏轻松活泼,具有浓郁的地方色彩和独特的民间风味。流传于全国的传统茶歌,数不胜数。影响较大、流传较广的茶歌,有江西永新民歌《茶山三月好风光》、江西婺源民歌《十二月采茶》、贵州印江民歌《上茶山》、湖南湘西民歌《采茶调》、福建民歌《茶叶青》、安徽舒城民歌《茶山对唱》等。

(三)茶舞

以茶事为内容的舞蹈,发轫甚早,但目前所能见到的文献记载都是清代的。现在能知的,是流行于我国南方各省的"茶灯"或"采茶灯",是在采茶歌基础上发展起来的由采茶歌、舞、灯组成的一种民间灯彩。

茶灯是过去汉族比较常见的一种民间舞蹈形式。茶灯,是福建、广东、广西、江西和安徽等地"采茶灯"的简称。它在江西,还有"茶篮灯"、"跳茶灯"和"灯歌"的名字;在湖南、湖北,则称为"采茶"和"茶歌";在广西又称"壮采茶"和"唱采舞",在广东则称"采茶歌"。这一舞蹈不仅各地名字不一,跳法也有不同。但是,一般基本上是由童男童女两人以上甚至十多人扮成戏出,饰以艳服而边歌边舞。舞者腰系绸带,男的持一钱尺(鞭)作为扁担、锄头等,女的左手提茶篮,右手拿扇,主要表现在茶园的劳动生活。

除汉族和壮族的"茶灯"民间舞蹈外,我国有些民族盛行的盘舞、打歌,往往也以敬茶和饮茶的茶事为内容,这从一定的角度来看,也可以说是一种茶事舞蹈。如彝族打歌时,客人坐下后,主办打歌的村子或家庭,老老少少,恭恭敬敬,在大锣和唢呐的伴奏下,手端茶盘或酒盘,边舞边走,把茶、酒一一献给每位客人,然后再边舞边退。云南洱源白族打歌,也和彝族上述情况极其相像,人们手中端着茶或酒,在领歌者(歌目)的带领下,唱着白语调,弯着膝,绕着火塘转圈圈,边转边抖动和扭动上身,以歌纵舞,以舞狂歌。

(四)茶事书法

1. 汪士慎《幼孚斋中试泾县茗》

汪士慎(1686—1759),字近人,号巢林、溪东外史等,书画家,"扬州八怪"之一。他的隶书以汉碑为宗,作品境界恬静,用笔沉着而墨色有枯润变化。《幼孚斋中试泾县茶》条幅,可谓是其隶书中的一件精品。值得一提的是,条幅上所押白文"左盲生"一印,说明此书作于他左眼失明以后。

这首七言长诗,通篇气韵生动,笔致动静相宜,方圆合度,结构精到,茂密而不失空灵,整饬而暗相呼应。该诗是汪士慎在管希宁(号幼孚)的斋室中品试泾县茶时所作。诗曰:"不知泾邑山之涯,春风茁此香灵芽。两茎细叶雀舌卷,蒸焙工夫应不浅。宣州诸茶此绝伦,芳馨那逊龙山春。一瓯瑟瑟散轻蕊,品题谁比玉川子。共向幽窗吸白云,令人六腑皆芳芬。长空霭霭西林晚,疏雨湿烟客忘返。"

2. 金农《玉川子嗜茶》

金农(1687－1763)的书法,善用秃笔重墨,有蕴含金石方正朴拙的气派,风神独运,气韵生动,人称之为"漆书"。中堂《玉川子嗜茶》,是典型的金农"漆书"风格:

"玉川子嗜茶,见其所赋茶歌,刘松年画此,所谓破屋数间,一婢赤脚举扇向火。竹炉之汤未熟,长须之奴复负大瓢出汲。玉川子方倚案而坐,侧耳松风,以候七碗之入口,而谓妙于画者矣。茶未易烹也,予尝见《茶经》、《水品》,又尝受其法于高人,始知人之烹茶率皆漫浪,而真知其味者不多见也。呜呼,安得如玉川子者与之谈斯事哉!稽留山民金农。"

金农在 59 岁时还写过《述茶》一轴,内容为:"采英于山,着经于羽;荼烈致芳,涤清神宇。"墨色滋润而内含方折之骨,笔势凝重而不失英迈。

3. 郑燮《潍江江口是奴家》等

郑燮书法,初学黄山谷,并合以隶书,自创一格,后又将篆隶行楷融为一

135

炉,自称"六分半书",后人又以"乱石铺街"来形容他书法作品的章法特征。其书作中有关茶的内容甚多,如行书条幅"溢江江口是奴家,郎若闲时来吃茶。黄土筑墙茅盖屋,门前一树紫荆花"。行书对联:墨兰数枝宣德纸,苦茗一杯成化窑。

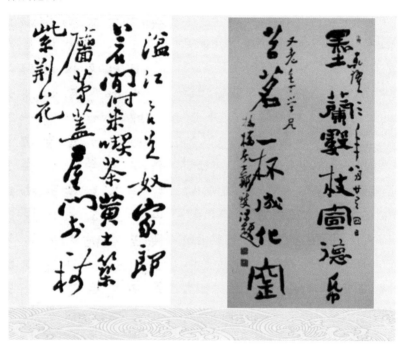

（五）茶事绘画

1.金农《玉川先生煎茶图》

此画为金农晚年所画,单从画中题字"宋人摹本"来看,当是对宋人画的摹写。画面是一片临池的芭蕉树林,卢仝居于左侧的石桌边,手执蕉扇给茶炉煽火,神情娴静。石桌上放着一只茶盏、一只茶瓮。右侧一老婢在池边取水。图画用笔朴拙,构图简洁,饶有意韵。

2.董诰《复竹炉煮茶图》

董诰(1740－1818),字雅伦、西京,号蔗林、柘林。明代王绂曾作《竹炉煮茶图》遭毁后,董诰在乾隆庚子(1780年)仲春,奉乾隆皇帝之命,复绘一幅,因此称"复竹炉煮茶图"。画面有茂林修篁,茅屋数间,屋前茶几上置有竹炉和水瓮。远处是清丽的山水,景色优美。画右下画家自题诗:"都篮惊喜补成图,寒具重体设野夫。试茗芳辰欣拟昔,听松韵事可能无。常依榆夹教龙护,一任茶烟避鹤雏。美具漫云难恰并,缀容尘墨愧纷吾。"

3.金廷标《品泉图》

金廷标,字士揆,乾隆时期人,善人物,兼花卉、山水,白描尤工。《品泉图》图绘月下林泉,一文士坐于靠溪的垂曲树干上托杯啜茗,临水沉思,神态悠闲。一童蹲踞溪石汲水,一童竹炉添炭。三人的汲水、取火、啜茗动作,恰恰自然地构成了一幅汲水品茶的连环图画。明月高挂,清风月影,品茗赏景,十分自在。画上的茶具有竹炉、茶壶、提篮(挑盒)、水罐、水勺、茶杯等,竹茶炉四边皆系提带,可以想见这套茶器就是外出旅行用的。本幅山水人物浅设色,笔墨精炼,人物清秀,衣袖襟摆皱折转折猷劲。

4. 钱慧安《烹茶洗砚图》

钱慧安(1833—1911),字吉生,号清溪樵子。因额其画斋曰"双管楼",又署"双管楼主"。晚年又自号烂柯子、退一老人等。同治十年(1871 年)作《烹茶洗砚图》,画中亭榭傍山临溪,掩映在古松之下。亭中一文士手扶竹栏,斜

依榻上。身后的长桌上,一壶一杯,古琴横陈,还有瓶花、书函、古玩等。一童子在溪边洗砚,引来金鱼数只。一童子在石上挥扇煮水,红泥火炉上置提梁

砂壶。笔意遒劲,意态娴雅。

此外,"扬州八怪"中的李方鹰、李鱓、高凤翰、汪士慎等也作有茶画。

五、茶著的衰退

现存清代茶书八种。顺治康熙年间共五种:佚名《茗笈》、陈鉴《虎丘茶经注补》、刘源长《茶史》、余怀《茶史补》、冒襄《岕茶汇钞》。雍正乾隆年间一种:陆廷灿《续茶经》。同治光绪年间两种:醉茶消客《茶书》、程雨亭《整饬皖茶文牍》。

《虎邱茶经注补》,陈鉴著。全书约三千六百字,依陆羽《茶经》分为十目,每目摘录有关的《茶经》原文,而后在其下加注虎丘茶事。相关茶事内容又超出《茶经》范围的,就作为"补"接续在《茶经》原文下面。书中保存了一些有关虎丘茶的产地、采制、文人赞咏的重要文献资料。

《续茶经》,陆廷灿著。全书依照陆羽《茶经》分上中下三卷十目,约七万字,是中国古代篇幅最大的一部茶书。该书广泛搜集历代文献,并且注意以唐代后制茶方法及产茶地区等方面的变化来补充。在"九之略"中将历代茶事方面的有关著述之目录一览表等也一并列出。在"十之图"中亦收录了历代与茶事有关的绘画目录。附录一卷,乃是唐代以后关于茶法演变的资料集。

《续茶经》虽然只是把多种古书上的有关资料摘要分录,不是自己撰写的有系统著作,但是征引宏富,条理清晰,便于查阅,颇为实用,有些资料弥足珍贵,是中国古代不可多得的茶史、茶文化资料汇编。

第二节　当代茶文化的复兴

民国时期,中国茶业陷入危机,茶区凋疲,生产萧条,市场萎缩,外销锐减。虽然 20 世纪 20 年代后期曾有短期的复苏,但在日本侵华战争和继之而来的国民党发动的全面内战打击下,茶业经济无可挽回地走向衰退。

中华人民共和国成立后,茶叶生产获得新生,茶叶科学与茶学教育迅速发展。经过60多年的发展,全国茶园面积不断扩大,名优茶的产量不断增加,各类茶叶百花齐放、争奇斗艳。目前,中国茶园面积和茶叶产量均居世界第一。

一、当代茶文化复兴的历程

从辛亥革命到"文革"结束的这一时期,是中国茶文化的低迷期。1940年,傅宏镇辑《中外茶业艺文志》,收集中外1400余部(篇)茶书和论文名录。胡浩川在为《中外茶业艺文志》所作的序里发明"茶艺"一词,乃指包括茶树种植、茶叶加工、茶叶品评在内的各种茶之艺。1945年,胡山源辑《古今茶事》,选辑收入古代一些代表性的茶书和茶事资料。翁辉东(1885-1963)《潮州茶经·工夫茶》从茶质、水、火、器具、烹法诸方面,对潮州工夫茶进行总结。但这一时期,茶文化在整个国家社会生活中影响不大。

20世纪80年代以后,中国茶文化开始复兴。

1980年,台湾天仁集团的茶艺文化基金会和陆羽茶艺中心成立。

1982年8月,杭州"茶人之家"成立,1983年创办《茶人之家》杂志,1993年改名《茶博览》。

1983年,在湖北天门召开纪念陆羽诞辰1250周年大会,会上决定成立"陆羽研究会",并编印《陆羽研究集刊》。

1988年,台湾"中华茶文化学会"成立;同年,"老舍茶馆"在北京落成开业。

1989年,台湾陆羽茶艺文化访问团访问大陆,在北京、合肥、杭州演示交流茶艺。9月,首届"茶与中国文化"展示

□ 老舍茶馆

周在北京举办。同年,安徽电视台摄制播放四集电视连续剧《茶圣陆羽》。

1990 年 10 月,首届国际茶文化研讨会在杭州召开,并成立了"国际茶文化研讨会常设委员会"。在此基础上,1993 年正式成立了"中国国际茶文化研究会"。

1990 年 12 月 18 日,首届国际无我茶会在中国台湾十方禅林举行。1991 年 3 月,用中、日、韩、英四种文字出版了《无我茶会》一书。1991 年 10 月,由中、日、韩三国七个单位联合在福建武夷山举办了慢亭国际无我茶会,并在武夷山立了纪念碑。

1991 年 4 月,中国茶叶博物馆在杭州正式落成开馆。

□ 中国茶叶博物馆

1993 年 10 月,中央电视台播出八集电视专题片《中华茶文化》。

1994 年 4 月,上海举办首届"上海国际茶文化节",此后每年举行一届。同年 11 月,在陕西法门寺召开"唐代茶文化国际学术讨论会"。

1995 年,中央电视台播出十八集电视系列片《话说茶文化》。

1997 年,王旭峰的长篇小说"茶人三部曲"之《南方有嘉木》出版。同年,"澳门茶艺协会"成立,台湾坪林茶业博物馆建成开放。

进入 21 世纪,各地茶文化活动更加频繁,规模也越来越大,内容越来越丰富。

2001 年吴觉农茶学思想研究会在浙江上虞市成立,旨在研究吴觉农先生的茶学思想,弘扬茶人精神。

2002 年 1 月,天福茶博物院落成。

□ 天福茶博物院

2002 年,西南农业大学率先创办了中国高校第一个全日制茶文化高职专业。此后,浙江树人学院、信阳农业高等专科学校等也设立了茶文化高职高专专业。2005 年,安徽农业大学、广西职业技术学院在中国高校中首设全日制大学专科层次的茶艺专业。后来,江苏农林职业学院等校陆续兴办了高职高专茶艺专业。华南农业大学、云南农业大学、四川农业大学、福建农林大学、安徽农业大学等先后在茶学本科专业中设立了茶艺或茶文化方向。安徽农业大学、浙江大学、湖南农业大学等校培养茶文化研究方向的硕士和博士研究生。中国茶文化多层次教育体系建立,茶文化教育的发展进入了新的阶段。

新世纪以来,四川、浙江、河北、辽宁、福建、山东、新疆、云南、宁夏、贵州、河南、安徽等地成立了省级茶文化学会或协会,湖州、广州、昆明、宁波、绍兴、杭州、淮南等成立了市级茶文化学会和协会。江西省社科院成立中国茶文化研究中心,安徽农业大学成立了中华茶文化研究所,浙江树人大学成立茶文化发展和研究中心。这些茶文化研究机构和学会、协会的建立,对开展茶文化研究和交流,推动茶文化研究深入发展,起到了积极作用。

中国有 55 个少数民族,由于所处地理环境、历史文化以及生活风俗的不同,形成了不同的饮茶风俗,如藏族酥油茶、维吾尔族的香茶、回族的刮碗子茶、蒙古族的咸奶茶、侗族和瑶族的打油茶、客家族的擂茶、白族的三道茶、哈萨克族的奶茶、苗族的八宝油茶、基诺族的凉拌茶、傣族的竹筒香茶、拉祜族的烤茶、哈尼族的土锅茶、布朗族的青竹茶等。当代,少数民族的茶文化也有长足的发展,新疆、云南等少数民族较集中的省区成立了民族茶文化协会。2004年以来,中国茶叶流通协会和云南省普洱市人民政府联合举办了六届全国民族茶艺茶道表演大赛。各民族茶文化异彩纷呈,争奇斗艳。

□ 佤族《石板烤茶》

□ 基诺族《凉拌茶》

二、当代茶艺和茶艺馆的兴起

(一)当代茶艺的兴起

20世纪80年代以来,中华茶文化全面复兴,而首当其冲的是茶艺的复兴。

1980年,台湾天仁集团的陆羽茶艺中心成立,并出刊《茶艺月刊》,由蔡荣章主持。1982年9月,台湾中华茶艺学会成立,并创办《中华茶艺》杂志。此后现代茶艺在台湾迅速推广,并出版了《中国茶艺》画册和一批茶艺书籍。

1988年,范增平到上海等地演示茶艺。1989年,台湾天仁集团陆羽茶艺文化访问团访问大陆,先后到北京、合肥、杭州演示交流茶艺。以此为发端,现代茶艺在大陆各地逐渐兴起和流行。

改革开放以来,茶艺交流活动频繁,全国和地方性的茶艺表演赛、茶艺技能赛时常举办,茶艺表演成了各种茶事活动中的保留节目。与此同时,茶艺理论研究也很活跃,两岸都推出了一批有创见的茶艺著作。并且,现代中华茶艺已走出国门,不仅传播到东亚、东南亚,还远传欧美。

正是鉴于当代茶艺的迅速发展,中国劳动和社会保障部于1998年将茶艺师列入国家职业大典,茶艺师这一新兴职业走上中国社会舞台。2001年,劳动和社会保障部又颁布了《国家职业标准·茶艺师》,进一步引导、规范茶艺的健康发展。

(二)茶艺馆的兴起

20世纪80年代,随着台湾经济的腾飞,台湾茶馆业也随之蓬勃发展。为了不重复旧时代的那种老式茶馆,新式茶艺馆应运而生。

在台湾,一位从法国学习服装设计回来的管寿龄小姐,在台北市仁爱路四段27巷8巷6号芙蓉大厦开设了一家"茶艺馆",这是第一个挂出"茶艺馆"招牌的茶艺馆。管寿龄开设的"茶艺馆"同时经营茶叶和陶瓷艺术品的买卖及餐厅业务,1979年5月23日取得正式经营执照。1981年12月23日管寿龄又在台北市双城街14号2楼取得"茶艺馆"的营利事业登记证。这是以"茶艺馆"名称公开对外营业并取得合法执照的第一家也是当时唯一的一家,这可以说是现代"茶艺馆"的起源。第二家正式挂招的是位于台北市西门町狮子林的"静心园茶艺馆"。一些是虽然没有冠名"茶艺馆"而实际上属于现代茶艺馆,如李友然的"中国茶馆"、钟溪岸的"中国工夫茶馆"、王仁隆的"西门茶馆"等。

到1982年,台北市大约有十余家茶艺馆。随后的几年间,茶艺馆如雨后春笋般兴起。到了1987年,台湾地区的茶艺馆就达到了500家左右,并影响到东南亚地区。

1989年1月,香港叶惠民首先于九龙成立了"雅博茶坊",后有陈国义的"茶艺乐园"和李少杰的"福茗堂"相继开张,奠定香港茶艺馆的发展基础。

1997年12月,罗庆江开设澳门第一家茶艺馆——"春雨坊"。

1991年以后,中国内地的茶艺馆开始建立。最早的是在福州市福建省博物馆设立的"福建茶艺馆",而后上海、北京、杭州、厦门、广州等城市相继出现了茶艺馆,并带动内陆许多城市相继出现了茶艺馆。

□ 重庆白鹭原茶艺馆

20世纪90年代以来,大陆茶馆业的发展更是突飞猛进。现代茶艺馆如雨后春笋般涌现,遍布都市城镇的大街小巷。目前中国每一座大中城市都有茶馆(茶楼、茶坊、茶社、茶苑等)数十到数百家,此外,许多宾馆、饭店、酒楼也附设茶室。中国目前有大大小小的各种茶馆、茶楼、茶坊、茶社、茶苑5万多家,北京、上海各有一千多家。在许多大中城市,茶馆的数量正以每年20%的速度增长,茶艺馆成为当代茶产业发展中的靓丽风景。

三、茶道的复兴

中国茶道的复兴始于上个世纪 80 年代,经过了上世纪 90 年代的复苏,进入新世纪的新发展阶段。

(一)茶道理论研究和实践

台湾是现代中国茶道的最早复兴之地。吴振铎、林资尧、蔡荣章、林瑞萱、范增平、吴智和、张宏庸、刘汉介、周渝等是台湾较早致力茶道理论研究和实践的人。

林资尧(1941－2004),字易山,曾任台湾中华茶艺协会秘书长,后转任天仁茶艺文化基金会秘书长,长期致力于国际茶文化交流和茶道教学,尤爱茶礼,致力于茶礼生活化、社会化。尊礼古圣先贤,曾有祭孔、祭神农、祭屈原、祭陆羽等茶礼;为体现大自然的运作、时节的更替,创作四序茶会;后来又创五方佛献供茶礼、金色莲花茶礼、郊社茶礼,对中国茶礼的建设开拓有功。

大陆方面,在茶道理论和实践的探索上有突出表现的有庄晚芳、张天福、童启庆、阮浩耕、陈文华、余悦、丁文、林治、马守仁、周文棠、乔木森、赵英立、丁以寿、袁勤迹等。

庄晚芳在 1990 年第 2 期《文化交流》杂志上发表的《茶文化浅议》一文中明确主张"发扬茶德,妥用茶艺,为茶人修养之道"。他提出中国的茶德应是"廉、美、和、敬",并加以解释:廉俭育德,美真康乐,和诚处世,敬爱为人。

张天福深入研究中外茶道、茶礼,于 1996 年提出以"俭、清、和、静"为内涵的中国茶礼。他认为:茶尚俭、勤俭朴素;茶贵清,清正廉明;茶导和,和衷共济;茶致静,宁静致远。

袁勤迹通过实践来诠释现代茶艺,她的《龙井问茶》、《九曲红梅》、《人淡如菊》等茶席设计及表演已成为经典。

（二）当代茶会的创立

1. 四序茶会

四序茶会是由林资尧所制定,透过茶会,表现一种大自然圆融的律动。

在会场内,悬挂"四季山水图"和"名壶名器名山在,佳茗佳人佳气生"或"万物静观皆自得,四时佳兴与人同"的对联,烘衬出茶会的主题。茶席的布置为正四方形,东面代表春季的青色条桌,南面为表示夏季的赤色桌,西面是白色的秋季,北面是黑色的冬季。正中央的花香案则铺以黄色桌巾;这分别象征着:四序迁流,五行变易。花香案设"主花",旨意"六合",天地四方之意,用黄色花器。球型香炉二件,象征"日"、"月";四部茶桌设"使花",旨意"春晖"、"夏声"、"秋心"、"冬节";花器为青、赤、白、黑四色花瓶,分别置于茶桌右上角。主花与使花相应涵摄,说明了大自然的节序及普遍生命之美。

在悠扬的古琴曲声中,司香二人和司茶(花)四人在门口迎宾,主人引茶友入席,二十四把座椅象征二十四个节气。两位司香行香礼,以香礼敬天地及宾客。四位司茶(花)则依时序,手捧代表四季的插花款款入场,先行花礼,之后入座。司茶(花)优雅地烫杯、取茶、冲水,然后均匀斟进小茶盅,分敬给客人。司茶(花)依序奉上第一道茶、第二道茶、第三道茶以及第四道茶。按顺时针次序转动,象征四季更迭。每位客人都品到象征四季的四道茶,时光在不知不觉中流转。宾客品味茶汤,也品味着大自然的芳香。司茶(花)起身,依序收回茶杯和茶托。司香入席行香礼,退席。司茶(花)起席行花礼,退席。接着,司香、司茶(花)列队恭送主人、茶友离席。人们在这样一个宁静、舒适的场所,通过茶艺、茶道、茶礼的熏陶,完全将自己融入大自然的韵律、秩序和生机之中,既品出了茶的真趣味,又彻底得到了放松。

2.无我茶会

无我茶会是由原台北陆羽茶艺中心总经理蔡荣章所创立的一种茶会形式,茶会中每个人自备茶具、茶叶,大家围成一圈或数圈,人人泡茶、奉茶、品茶。

到了无我茶会会场后,首先是报到抽签,依号码找到位置。号码为顺序排列,座位形式多用封闭式,即首尾相连成规则或不规则的环形或方形、长方形等等。数十人乃至数百人的大茶会往往是在露天举行,均无桌椅。每人找到位置后,将自带坐垫前沿中心盖掉座位号码牌,在座垫前铺放一块泡茶巾(常用包壶巾代替),上置冲泡器。泡茶巾前方是奉茶盘,内置四只茶杯,热水瓶放在泡茶巾左侧,提袋放在坐垫右侧,脱下的鞋子放在坐垫左后方。当茶具等安放完毕,根据公告中的时间安排,茶会的第一阶段是茶具观摩与联谊,这时,可在会场内走动,亦可互相拍照留念。

到了约定时间,各人开始泡茶,如果规定每人泡茶四杯,那就把三杯奉给左边三位茶侣,最后一杯留给自己。泡好后分茶于四只杯中,将留给自己饮用的一杯放在自己泡茶巾上的最右边,然后端奉茶盘奉茶给左侧三位茶侣,奉茶人将茶放在左边第一位受茶人的最左边,左边第二位受茶人的左边第二位,左边第三位受茶人左边第三位。如果您要奉茶的人也去奉茶了,只要将茶放在他(她)座位的泡茶巾上就好。如您在座位上,有人来奉茶,应行礼接受。待四杯茶奉齐,就可以自行品饮。饮后即开始冲第二道,奉第二道茶时,用奉茶盘托冲泡器具或茶盅依次给左侧三位茶侣斟茶。饮后冲泡第三道,奉茶同第二道。进行完约定的冲泡次数后,如安排演讲或音乐欣赏等活动,就要安坐原位,专心聆听,结束后方可端奉茶盘去收回自己的杯子,将茶具收拾停当,清理好自己座位的场地(所有废物全由自己收拾干干净净并倒入果壳箱中),与大家道别结束茶会,或继续其他活动。

　　无我茶会有七大精神。第一,无尊卑之分。茶会不设贵宾席,参加茶会者的座位由抽签决定,在中心地还在边缘地,在干燥平坦处还是潮湿低洼处,不能挑选。自己将奉茶给谁喝,自己可喝到谁奉的茶,事先并不知道。因此,不论职业职务、性别年龄、肤色国籍,人人平等。第二,无求报偿之心。参加茶会的每个人泡的茶都是奉给左边的茶侣,而自己所品之茶却来自右边茶侣,人人都为他人服务,而不求对方报偿。第三,无好恶之心。每人品尝四杯不同的茶,由于茶类和泡茶技艺的差别,品味是不一样的,但每位与会者都要以客观心情来欣赏每一杯茶,从中感受到别人的长处,不能只喝自己喜欢的茶,而厌恶别的茶。第四,无地域流派之分。不分彼此,天下一家,以茶修德,以茶会友,奉行一碗茶中的和平友好。第五,求精进之心。自己每泡一道茶,自己都品一杯,每杯泡得如何,与他人泡的相比有何差别,要时时检讨,使自己的茶艺日益精深。第六,遵守公告约定。茶会进行时并无司仪或指挥,大家都按事先公告进行,养成自觉遵守约定的美德。第七,培养集体的默契。

茶会进行时,均不说话,大家用心于泡茶、奉茶、品茶,时时自觉调整、约束自己,配合他人,使整个茶会快慢节拍一致。

四、茶文学的复兴

(一)茶诗词

1. 樊增祥《吴客饷珠兰茶,以雪水试之》

樊增祥(1846—1931),号云门,又号樊山,曾任江宁布政使、清史馆馆长,清末民初著名诗人,有《樊山全集》。其《吴客饷珠兰茶,以雪水试之》:

只觉芳兰气味亲,谁持珠蕊媚茶神。

采香细撷湘花碧,隔纸微烘建叶春。

箬笼翠缄溪上雨,竹窗玉映雪中人。

退衙领略江南意,驿使梅花无此新。

诗人在冬天的北方用雪水冲泡珠兰花茶,遥想采花、烘焙熏制花茶的情形和溪雨绵绵的江南景致,感叹驿使送来的梅花也比不上珠兰花茶的新芳。

2. 徐世昌《客来》

徐世昌(1855—1939),号菊人,清末翰林,曾任北洋政府大总统,有《水竹村人诗集》。其《客来》:

检点琴书拂石床,秋深庭院袭朝凉。

绿荫冉冉棕榈径,红叶萧萧薜荔墙。

野馔试烹菰笋白,新诗吟对菊花黄。

客来拨火开茶灶,双井新茶共品量。

深秋时节,朝露初凉。庭院小径旁,棕榈绿荫冉冉。爬满墙头的薜荔红叶萧萧。主人检点琴书,静侯佳客。客来之后,馔烹白菰,诗吟黄菊,茶灶炉开,主客共品新茶。

3. 连横《茶》

连横(1878—1946),号雅堂,台湾台南人。民国初年漫游大陆,回台湾著《台湾通史》,1933 年到上海定居,著有《剑北楼诗集》。其《茶》组诗,这里选二,一写武夷岩茶,一写安溪铁观音:

新茶色淡旧茶浓,绿茗味清红茗秾。

何似武夷奇种好,春秋同挹幔亭峰。

安溪竟说铁观音,露叶疑传紫竹林。

一种清芬忘不得,参禅同证木犀心。

4. 邵潭秋《知茶》

邵潭秋(1898—1969),少从章太炎问学,历任东南大学、浙江大学、四川大学教授,有《风楼诗》。其《知茶》:

雨洗春林扫落花,神观莹湛自无哗。

燕归翠尾当窗颤,麦熟青芒倚垄斜。

偶散乡心非嗜酒,多能鄙事但知茶。

嫩泉烹作鱼眸活,决决云涛绕齿牙。

燕归、麦熟的暮春时节,散步乡下,诗人远酒近茶。嫩泉烹作鱼眼沸,茶汤入口,齿颊生香。

5. 张伯驹《听泉》

张伯驹(1897—1982),诗人、收藏家,历任燕京大学艺术导师、吉林省博

物馆第一副馆长等,著有《张伯驹诗词集》。其《听泉》:

清泉汩汩净无沙,拾取松枝自煮茶。

半日浮生如入定,心闲便放太平花。

泉水汩汩,汲泉煮茶,静听松风,如入禅定,身心俱闲,太平无事。

6.赵朴初茶诗

赵朴初(1907—2000),佛教居士、诗人、书法家、社会活动家。他于1982年为陈彬藩《茶经新篇》赋诗一首,化用唐代诗人卢仝的"七碗茶"诗意,引用唐代高僧从谂禅师"吃茶去"的禅林法语,诗写得空灵洒脱,饱含禅机,为世人所传诵,是体现茶禅一味的佳作。

七碗受至味,一壶得真趣。空持百千偈,不如吃茶去。

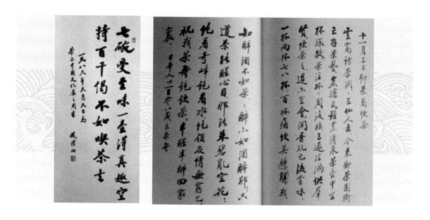

1990年1月3日,84岁的赵朴初在武夷山御茶园品饮武夷茶,观看武夷工夫茶艺,写下了《十一月三日御茶园饮茶》:

云窝访茶洞,洞在仙人去。

今来御茶园,树亡存茶艺。

炭炉瓦罐烹清泉,茶壶中坐杯环旋。

茶注杯杯周复始,三遍注满供群贤。

饮茶之道亦宜会,闻香玩色后尝味。

一杯两杯七八杯,百杯痛饮莫辞醉。

我知醉酒不知茶,茶醉亦如酒醉耶?

只道茶能醒心目,哪知朱碧乱空花。

饱看奇峰饱看水,饱领友情无穷已。

祝我茶寿饱饮茶,半醒半醉回家里。

1990年8月,当中华茶人联谊会在北京成立时,赵朴初特为大会作《贺中华茶人联谊会成立之庆》,不仅赞美茶之清,更号召大家仔细研究广涉天人的茶经之学:

不羡荆卿夸酒人,饮中何物比茶清。

相酬七碗风生腋,共汲千江月照心。

梦断赵州禅杖举,诗留坡老乳花新。

茶经广涉天人学,端赖群贤仔细论。

(二)茶事散文

现代茶事散文极其繁荣,其数量是以往历代茶文总和的数倍乃至数十倍。鲁迅《喝茶》、周作人《喝茶》、梁实秋《喝茶》、苏雪林《喝茶》、林语堂《茶与交友》、季羡林《大觉明慧茶院品茗录》、冰心《我家的茶事》、秦牧《敝乡茶事甲天下》、陈登科《皖南茶乡闲话》、何为《佳茗似佳人》、邵燕祥的《十载茶龄》、汪曾祺《泡茶馆》、邓友梅《说茶》、忆明珠《茶之梦》、黄裳《栊翠庵品茶》、李国文《茗余琐记》、贾平凹《品茶》、叶文玲《茶之魅》、陆文夫《茶缘》、张承志《粗饮茶》、琦君《村茶比酒香》、余光中《下午的茶》、董桥《我们喝下午茶去》等均是优秀茶文。个人出版茶事散文专集的,有林清玄《莲花香片》和《平常茶非常道》、王旭烽《瑞草之国》和《旭烽茶话》、王琼《白云流霞》、吴远之和吴然的《茶悟人生》等,茶事散文选集则有袁鹰选编的《清风集》,郑云云选编的《茶情雅致》、陈平原选编的《茶人茶话》、王宗仁选编的《漫饮茶》等。

在现代散文中,周作人的《喝茶》是别具一格的美文,具有浓重的艺术个性:

前回徐志摩先生在北平中学讲"吃茶"——并不是胡适之先生所说的"吃讲茶"——我没工夫去听,又可惜没有见到他精心结构的讲稿,但我推想他是在讲日本的"茶道",英文译作"Teaism",而且一定说得很好。茶道的意思,用平凡的话来说,可以称作"忙里偷闲,苦中作乐",在不完全的现世享乐一点美与和谐,在刹那间体会永久,在日本之"象征的文化"里的一种代表艺术。关于这一件事,徐先生一定已有透彻巧妙的解说,不必再来多嘴,我现在所想说的,只是我个人平常的喝茶罢了。

……

喝茶当于瓦屋纸窗之下,清泉绿茶,用素雅的陶瓷茶具,同二三人同饮,得半日之闲,可抵上十年尘梦。喝茶之后,再去继续修各人的胜业,无论为名为利,都无不可,但偶然的片刻优游乃正亦断不可少。……

当代散文中,林清玄的《茶味》令人回味:

我时常一个人坐着喝茶,同一泡茶,在第一泡时苦涩,第二泡甘香,第三泡浓沉,第四泡清冽,第五泡清淡,再好的茶,过了第五泡就失去味道了。这泡茶的过程令我想起人生,青涩的年少,香醇的青春,沉重的中年,回香的壮年,以及愈走愈淡、逐渐失去人生之味的老年。

我也时常与人对饮,最好的对饮是什么话都不说,只是轻轻地品茶;次好的是三言两语,再次好的是五言八句,说着生活的近事;末好的是九嘴十舌,言不及义;最坏的是乱说一通,道别人是非。

与人对饮时常令我想起,生命的境界确是超越言句的,在有情的心灵中不需要说话,也可以互相印证。喝茶中有水深波静、流水喧喧、花红柳绿、众鸟喧哗、车水马龙种种境界。

我最喜欢的喝茶,是在寒风冷肃的冬季,夜深到众音沉默之际,独自在清静中品茗,一饮而净,两手握着已空的杯子,还感觉到茶在杯中的热度,热,迅速地传到心底。

犹如人生苍凉历尽之后,中夜观心,看见,并且感觉,少年时沸腾的热血,仍在心口。

(三)茶事小说

民国时期小说中,茶事内容也屡见。

鲁迅的短篇小说《药》中许多情节都发生在华老栓家的茶馆里。

秋天的后半夜,月亮下去了,太阳还没有出,只剩下一片乌蓝的天;除了夜游的东西,什么都睡着。华老栓忽然坐起身,擦着火柴,点上遍身油腻的灯盏,茶馆的两间屋子里,便弥满白色的光。

老栓走到家,店面早经收拾干净,一排一排的茶桌,滑溜溜的发光。

"好香!你们吃什么点心呀?"这是驼背五少爷到了。这人每天总在茶馆里过日,来得最早,去得最迟,此时恰恰蹩到临街的壁角的桌边,便坐下问话,然而没有人答应他。"炒米粥么?"仍然没有人应。老栓匆匆走出,给他泡上茶。

店里坐着许多人,老栓也忙了,提着大铜壶,一趟一趟的给客人冲茶。老栓一手提了茶壶,一手恭恭敬敬的垂着,笑嘻嘻地听。满座的人,也都恭恭敬敬地听。华大妈也黑着眼眶,笑嘻嘻的送出茶碗茶叶来,加上一个橄榄,老栓便去冲了水。

沙汀写于1940年的短篇小说《在其香居茶馆里》,整篇故事都发生在茶馆里。这是一篇具有浓重地方色彩和讽刺喜剧风格的作品,作品的情节安排、结构布局具有戏剧的特点。小说围绕兵役问题,描写了川北回龙镇当权派和地方实力派之间的矛盾斗争,深刻地揭露了国民党反动统治的黑暗腐败及其兵役制度的虚伪骗局。作者善于运用个性化的语言和外在活动表现人物的性格特征:联保主任方志国的"软硬人"的贪婪、阴诈,邢幺吵吵"不忌生冷"的粗野、跋扈,都被刻画得入木三分。作者把茶馆这一特定场景作为人物活动的舞台,让全镇各种势力的代表人物纷纷登场,使场景十分集中,情节完整,矛盾冲突渐次展开,直至方邢二人大打出手,将情节推向高潮。结尾是"蒋米贩子"出场报告城里的消息,使情节急转直下,不仅收到强烈的戏剧效果,而且极富讽刺意味,令人回味无穷。

民国时期的茶事小说,不能不提张爱玲的一系列小说。张爱玲小说中的"茶事"多且细致,她笔下的女主角们常与茶为伴。《怨女》中的银娣,欢喜地一样样东西都指给嫂子看,"里床装着什锦架子,搁花瓶、茶壶、时钟"。茶壶如此郑重被收放,可见是心头之爱。说不定后来银娣上吊前"拿桌上的茶壶,就着壶嘴喝了一口,冷茶泡了一夜,非常苦"的茶壶就是指给嫂子看的那茶壶。茶的冷又苦,是她自杀前的心情写照。"就着壶嘴喝",有死意已决的味道。

《桂花蒸》阿小自己在洋人家当阿妈。男人来找她,"她给男人斟了一杯茶,她从来不偷茶的,男人来的时候是例外。男人双手捧着茶慢慢呷着……"以一杯偷来的茶,用喜剧效果,完成了阿小的悲壮爱情。

在《红玫瑰与白玫瑰》里,茶在娇蕊手上是拿来调情的,不必赶着喝。她千方百计让他知道她记得他说过"喜欢喝清茶,在外国这些年,老是想吃没的吃",使得他心猿意马。真的很在乎一个人,你才能够记住他爱吃什么喝什么,娇蕊并不隐瞒。"阿妈送了绿茶进来,茶叶满满的浮在水面上,振保双手

捧着玻璃杯,只是喝不进嘴去。他两眼望着茶,心里却研究出一个缘故来了。"振保的定力非常有限,禁不起娇蕊一个媚笑。娇蕊呢,"低着头,轻轻去拣杯中的茶叶拣半天,喝一口"。放肆的"把一条腿横扫过去,踢得他差一点泼翻了手中的茶"。大家仍不十分确定对方的心思,又管不住自己的心思时,唯捧着茶杯默然。一则无声胜有声,可藉此眉目传情。二则可一边筹划如何将对方拿住。最后娇蕊出去了,"将残茶一饮而尽,立起身来,把嘴里的茶叶吐到栏杆外面去"。娇蕊主意已定,准备狠狠地爱一场的决心表露无遗。

李劼人(1891—1962)长篇小说三部曲《死水微澜》、《暴风雨前》、《大波》,对成都茶馆有许多大段的生动描写。如对大茶馆的堂皇和小茶铺的简陋,对形形色色茶客们的种种表现,还有依附茶馆营生的戏曲曲艺艺人、小手艺人、小商贩的生活,都有入木三分的刻画。小说中对"吃讲茶"等的描述,反映了昔日茶馆多方面的社会功能;又以茶馆中专设"女宾座"等情节,折射出新潮与旧浪的冲突。

当代第一部茶事长篇小说是陈学昭的《春茶》,作品着力描写了浙江西湖

龙井茶区从合作社到公社化的历程,同时也写出了茶乡、茶情、茶趣、茶味。20世纪80年代以来,发表了一批茶事小说,诸如邓晨曦的《女儿茶》、曾宪国的《茶友》、唐栋的《茶鬼》、潮青和蔡培香的《花引茶香》、廖琪中的《茶仙》、宋清海的《茶殇》等。

　　代表当代茶事小说最高成就的,则是王旭烽的《茶人三部曲》。《茶人三部曲》分为《南方有嘉木》、《不夜之侯》、《筑草为城》三部,以杭州的忘忧茶庄主人杭九斋家族四代人起伏跌宕的命运变化为主线,塑造了杭天醉、杭嘉和、赵寄客、沈绿爱等众多人物形象,展现了在忧患深重的人生道路上坚忍负重、荡污涤垢、流血牺牲仍挣扎前行的杭州茶人的气质和风神,寄寓着中华民族求生存、求发展的坚毅精神和酷爱自由、向往光明的理想。

　　故事发生在绿茶之都的杭州,忘忧茶庄的传人杭九斋是清末江南的一位茶商,风流儒雅,却不好理财治业,最终死在烟花女子的烟榻上。他的妻子林藕初为了生个儿子以便得到茶园钥匙而引诱太平天国的败落将领"长毛"茶人吴茶清生下了下一代茶人——杭天醉。在吴茶清的鼎立帮助下,林藕初使得忘忧茶庄振兴起来。

　　第二代茶人杭天醉,生长在封建王朝彻底崩溃与民国诞生的时代,他身上始终交错着颓唐与奋发的矛盾。他有才气学问，对茶史、茶俗、茶器、古董都很有见地，在茶楼里高谈阔论，他还考进了求是学院，在那里学习。他有激情，也有抱负，但却优柔寡断，想跟好朋友赵寄客去日本闯荡却又犹豫不决，最后被留在家中成亲，年老时还常常想起这件未了的心愿。他爱朋友赵寄客，在知道好友偷去妻子的心之后，他依旧与赵寄客友好相处，在临死之前还将好友赠与他的见证他们友谊的曼生壶交给了妻子，祝愿好友与自己的妻子好好过。他畏惧盛气凌人、艳若桃李、冷若冰霜的妻子沈绿爱，深爱着柔弱的、胆小的能够让他证明自己是强悍的男人的小妾红衫儿（后改名为小茶）。后来杭天醉被假装柔弱和浓情蜜意的沈绿爱骗取了一段时间的爱情，结果就在妻子得知怀上孩子的那一天，他就被赶出了妻子的房间。后来与小茶争着吸食鸦片导致败了家，还逼得小茶上吊。当知道儿子杭嘉平离家之后，爱子女的杭天醉深感无助，他开始把沈绿爱当救命稻草，重新爱上她……最终他"爱"得茫然若失，不得已向佛门逃遁，却又尘缘未了。他的妻子沈绿爱是一个比她的婆婆林藕初还厉害的女人！她为求一子欺骗丈夫的感情，她为了追求自己的爱竟然敢去向丈夫的好友赵寄客告白，还求他带自己远走高飞，而且她还是在多年后得到了她爱的人的倾心。赵寄客是坚强的、勇敢的、浪漫而盲目的、理想而狂热的，他是吴茶清似的大侠。

第三代茶人便是杭天醉所生的三子二女。他与小茶生的杭嘉和、杭嘉草和杭嘉乔，与沈绿爱生的杭嘉平和后来才生的杭寄草。其中，最重要的也就是《茶人三部曲》中最具有茶人精神的就是杭嘉和。他从事着茶的事业，也经营着一方心灵的茶园。艰难时世中，支撑着家业不倒。抗战年代，身处沦陷区的他，面对日本军官小崛一郎的挑衅，宁肯断指也不与之对弈，他以一身正气决不变节，坚持了人格的操守与心灵的高贵。解放以后，甚至"文革"中，他毅然坚持用一个人的工资养活一大家子人，并始终保持优雅从容的心。他有苦楚，却把苦埋在心里，始终以一种怡然恬淡的精神给家人以支撑。改革开放,茶博馆建成,作为世纪老人的他,虽被许多人拍照,却最终未被报道,但他依然平和如初,不留声名,人淡如茶。面对苦难坚韧地承受、矢志不渝地对精神世界的关注、对美好明天的向往、对国家民族和人类尊严的捍卫、对完美人性的追求,他的言传身教深深影响着后人,作为茶人的后代,他的身上保留了茶叶世家不变的淡泊缄默、谦虚厚道、自强不息、重情重义。

此外,还有第四、第五代茶人杭汉、杭布朗、杭忆、杭盼、林忘忧、杭得茶以及不是出生在杭家却又加入到茶人行列的杭方越等。

《茶人三部曲》不仅表现中国近代一百多年的历史、吴越文化、茶文化,它于宏大叙事中用细腻的笔触展现了杭氏家族几代人的生存抗争及情爱追求,其间,民族、家族及其个人命运错综复杂、跌宕起伏,茶庄兴衰又和百年华茶的兴衰紧密相连,勾画出一部近、现代史上的中国茶人的命运长卷。

《茶人三部曲》是一部全面深入反映近现代茶业世家兴衰历史的小说鸿篇巨制,展示了中华茶文化作为中华民族精神的组成部分,在特定历史背景下的深厚力量,小说第一部和第二部因此获得了第五届茅盾文学奖。评委会的评语是这样的:"茶的青烟、血的蒸气、心的碰撞、爱的纠缠,在作者清丽柔婉而劲力内敛的笔下交织;世纪风云、杭城史影、茶叶兴衰、茶人情致,相互映带,融于一炉,显示了作者在当前尤为难得的严谨明达的史识和大规模描写社会现象的腕力。"

五、茶艺术的复兴

(一)茶戏剧

1.《孔雀胆》

在描写元朝末年,镇守云南的梁王的女儿阿盖公主与云南大理总管段功相爱的悲剧《孔雀胆》中,郭沫若把武夷茶的传统烹饮方法,通过剧中人物的对白和表演,介绍给了观众。

王妃:(徐徐自靠床坐起)哦,我还忘记了关照你们,茶叶你们是拿了哪一种来的?

官女甲:(回身)我们拿的是福建生产的武夷茶呢。

王妃:对了,那就好了。国王顶喜欢喝这种茶,尤其是喝了一两杯酒之后,他特别喜欢喝很酽的茶,差不多涩得不能进口。这武夷茶的泡法,你们还记得?

官女甲:记是记得,不过最好还是请王妃再教一遍。

王妃:你把那茶具拿来。

(宫女甲起身步至凉厨前,由厨中取出茶具和茶筒,复至王妃处,置于榻旁矮几上,移就之。茶壶、茶杯之类甚小,杯如酒杯,壶称"苏壶",实即妇女梳头用之油壶。别有一茶洗,形如匜,容纳于一小盘。宫女乙亦走近王妃侧。)

王妃:在放茶之前,先要把水烧得很开,用那开水先把这茶杯茶壶烫它一遍,然后再把茶叶放进这"苏壶"里面,要放大半壶光景。再用开水冲茶,冲得很满,用盖盖上。这样便有白泡冒出,接着用开水从这"苏壶"盖上冲下去,把壶里冒出的白泡冲掉。这样,茶就得赶快斟了,怎样斟法,记得的吗?

官女甲:记得的,把这茶杯集中起来,提起"苏壶",这样的(提壶做手势),很快地轮流着斟,就像在这些茶杯上画圈子。

官女乙:我有点不大明白,为什么斟茶的时候要划圈子呢? 一杯一杯慢慢斟不可以吗?

王妃:那样,便有先淡后浓的不同。

2.《天下的红茶数祁门》

这是一出由茶人编撰的茶戏剧。作者胡浩川,中国现代著名茶学家。他年轻时曾留学日本静冈茶叶学校,回国后于1934年7月出任祁门茶叶改良场场长。剧本初创于1937年,当时剧名叫《祁门红茶》。从茶树种植开始,述说了祁红采摘、初制、精制的整个过程。当时只完成了剧本创作,并没能排演。1949年10月间,为庆祝祁门县解放,组织一台戏曲晚会,于是将《祁门红茶》剧本改编成六幕采茶戏《天下的红茶数祁门》,进行排练并正式上演,引起强烈反响。祁门采茶戏《天下的红茶数祁门》分序曲、种茶、采茶、制茶之一（初制）、制茶之二（精制）和尾曲六幕。

3.《茶馆》

现代著名作家老舍（1899—1966）于1956年编剧，1958年由北京人民艺术剧院首演，成为中国现代话剧史上的经典之作。该剧通过写一个历经沧桑的"老裕泰"茶馆，在清代戊戌变法失败后，民国初年北洋军阀盘踞时期和国民党政府崩溃前夕，在茶馆里发生的各种人物的遭遇，以及他们最终的命运，揭露了社会变革的必要性和必然性。通过《茶馆》，可以看到从晚清至民国的中国社会变迁的缩影。老舍在剧中对老北京的茶馆文化作了精心的表现，每一个场景，都能根据当时的社会风情来进行设计，写出了茶馆自身的兴衰和遭际。茶馆不仅是剧中人物活动的空间场景，也是剧中主角，《茶馆》是一部名副其实的"茶馆戏"。

□ 北京人艺2005版话
剧《茶馆》剧照

4.《茶——心灵的明镜》

歌剧《茶——心灵的明镜》通过追述中国茶文化的起源和中国茶圣陆羽所著的《茶经》，而引出中国唐代公主与来唐学习茶道的日本王子之间的一段浪漫爱情故事。作曲：谭盾。故事歌词：谭盾、徐瑛。导演及编舞：江青。

全剧分三幕。"第一幕叫'水与火'，基本上用水发出声响，旨在表现再生和重生;第二幕以'纸'隐喻风声;第三幕使用陶器和石头,暗示命运。"和不少以悲剧故事为蓝本的歌剧一样,《茶——心灵的明镜》的剧中人,历经愤怒、嫉妒、牺牲、忏悔,最终参透人生真谛。

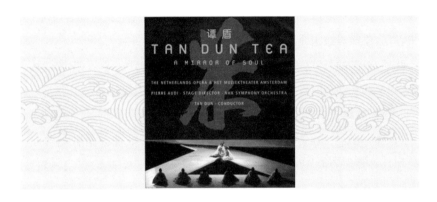

故事梗概:中国唐朝时,日本王子圣响在中国学习茶道时爱上了中国公主兰,欲娶兰为妻。皇帝考验圣响,令其背诵一首中国茶诗。圣响表现出色,皇帝应允了这门亲事,却遭到了兰的兄长皇太子的反对。

在一次茶会上,波斯王子欲以千匹骏马换取中国古老的茶道圣书——陆羽《茶经》,皇太子不情愿地拿出《茶经》来交换。圣响指出,陆羽曾亲自给他看过《茶经》的真本,皇太子的这部《茶经》并非真本。皇太子勃然大怒,两人以性命为赌来证明事实真相。

圣响与兰踏上了寻找真本《茶经》之路。在一次茶会上,他们遇到了陆羽的女儿。陆羽的女儿告知他们父亲已经去世,并答应为使茶道发扬光大,愿将《茶经》真本交付他们。正当圣响与兰两人阅读《茶经》之时,皇太子突然出现争夺《茶经》。在圣响与皇太子的打斗中,兰为了阻止他们而受了致命的重伤。皇太子追悔莫及,把自己的剑递给圣响,欲以命相抵。圣响却拿起剑,削去自己的头发。后来,成为一位在日本宣扬茶道的僧人。

全剧以茶文化为切入点,探讨中国古代文化的精髓,挖掘中国传统文化中的禅道精神和生活智慧。《茶》剧的音乐具有中国式的深远和淡定,运用了很多自然声响,融入了水琴、云锣、瓷器、纸等打击"乐器"与整剧表现的茶经、禅道在形式及内容上浑然一体。"用自然且带有中国文化内涵的器物作为乐器,发出自然之声,才能达到天人合一的境界,"谭盾说,"我试图以原生态的有机音乐,象征对茶道真谛的参悟过程。"

此外,田汉的《环璘珴与蔷薇》中也有不少煮水、沏茶、奉茶、斟茶的场面。京剧《沙家浜》的剧情就是在阿庆嫂开设的春来茶馆中展开的。

(二)茶歌舞音乐

新中国成立后,在音乐工作者的精心创作下,一批优秀茶歌相继问世。它们都具有浓郁的民族风格、鲜明的时代特征。其中以《请茶歌》、《挑担茶叶上北京》、《采茶舞曲》、《请喝一杯酥油茶》等为代表的茶歌在全国广为流传,家喻户晓。

进入新时期,茶歌不断推进升华,兴盛不衰。《前门情思大碗茶》、《龙井茶,虎跑水》、《茶山情歌》、《三月茶歌》、《古丈茶歌》等茶歌,传唱大江南北。

1.《采茶舞曲》

周大风作词作曲。它本是越剧《雨前曲》的主题歌,后来作为独立歌舞节目演出。它以龙井茶区为背景,充分反映了江南茶乡的春光山色和姑娘喜摘春茶的欢乐情景,具有浓厚的江南水乡风味。

溪水清清溪水长,溪水两岸好呀么好风光。

哥哥呀你上畈下畈勤插秧,妹妹呀东山西山采茶忙。

插秧插得喜洋洋,采茶采得心花放。

插得秧来匀又快,采得茶来满屋香。

你追我赶不怕累呀,敢与老天争春光,争呀么争春光。

溪水清清溪水长,溪水两岸采呀么采茶忙。

姐姐呀你采茶好比凤点头,妹妹呀你采茶好比鱼跃网。

一行一行又一行,摘下的青叶篓里装。

千篓百篓千万篓呀,篓篓茶叶发清香。

多快好省来采茶,好换机器好换钢,好呀么好换钢。

左采茶来右采茶,双手两眼一齐下。

一手先来一手后,好比那两只公鸡争米上又下。

一只茶篓胸前挂,两手采茶要分家。

摘了一会停一下,头不晕来眼不花。

多又多来快又快,年年丰收龙井茶。

2.《挑担茶叶上北京》

叶蔚林作词、白诚仁作曲。具有浓厚的湖南乡土气息,表达的是茶乡人民对毛主席的热爱。曲调明快,淳朴清新。

桑木扁担轻又轻呃,我挑担茶叶出山村。

乡亲们送我十里坡,都说我是幸福人。

桑木扁担轻又轻呃,茶叶飘香歌不停啰呃,

有人问我是哪来的客,我湘江边上种茶人啰呃。

桑木扁担轻又轻,头上喜鹊唱不停。

我问喜鹊你唱什么?他说我是幸福人。

桑木扁担轻又轻,一路春风出洞庭啰呃,
船家问我哪里去,北京城里探亲人咧。
桑木扁担轻又轻呃,千里送茶情意深,
香茶献给毛主席,潇湘儿女一片心。

3. 电影《刘三姐》插曲——采茶山歌

雷振邦曲,乔羽词。电影《刘三姐》是根据广西民间传说改编,融山水美、人情美、音乐美为一体,是中国第一部经典风光音乐故事片。电影中有一幕采茶戏,刘三姐和众姐妹一边采茶一边唱歌,欢快的歌声洋溢茶山,优美的茶山风光和动听的采茶山歌融为一体。

□ 电影《刘三姐》画面

众姐妹:

三月鹧鸪满山游,四月江水到处流,
采茶姑娘茶山走,茶歌飞上白云头。
草中野兔窜过坡,树头画眉离了窝,
江心鲤鱼跳出水,要听姐妹采茶歌。
采茶姐妹上茶山,一层白云一层天,
满山茶树亲手种,辛苦换得茶满园。
春天采茶抽茶芽,快趁时光掐细茶。

风吹茶树香千里,盖过园中茉莉花,

采茶姑娘时时忙,早起采茶晚插秧,

早起采茶顶露水,晚插秧苗伴月亮。

刘三姐:

采茶采到茶花开,漫山接岭一片白.

蜜蜂忘记回窝去,神仙听歌下凡来。

4. 茶舞

20世纪50年代,根据福建茶区《采茶灯》改编的《采茶扑蝶》,是舞、曲兼美的茶歌舞,由陈田鹤编曲、金帆配词。曲调来自闽西地区的民间小调,是一首享誉国内外的采茶歌舞曲。它的曲调是将两首茶歌《正采茶》和《倒采茶》的曲调,借转调手法叠合而成。旋律活泼、明快,节奏性强,适宜边唱边舞的采茶动作,气氛热烈欢快,反映了茶乡的春光山色和姑娘采茶扑蝶、你追我赶,喜摘春茶的欢乐情景和对茶叶丰收的喜悦。1953年在第四届世界青年与学生联欢节上荣获二等奖。

5. 茶乐

《闲情听茶》系列音乐以中国人最熟悉的"茶"为主题,表达出人们对茶的款款爱恋。从中,你既可以听到许多悠婉动人的乡音乡韵,让人顿生怀乡之情,也能细品笛子、二胡、琵琶、古琴、笙、阮、箫等民族乐器分别与电子合成器融为一体时的那种虽旧犹新的感人魅力。

在《闲情听茶》系列音乐中,作曲家灵活运用各种乐器的特有气质,使传统乐器在崭新的曲风中,呈现清新的生命与风貌,将茶中无法言喻的意味细腻地表现出来,让茶味随着音乐在人的心中弥漫。如"湘江茶歌"乐曲是根据湖南茶歌改编创作,由二胡和琵琶相偕演出一段充满湖南茶山气息的优美旋律,飘送出湘江两岸令人欲醉的茶香。如"轻如云彩"乐曲是选用江南小调《忆江南》为素材,借二胡清新、洁净、雅致的音色,轻柔地描绘出鸡头壶如山峰般的翠色与如云般的飘逸气质。《闲情听茶》运用排箫、高胡、古筝、琵琶、笛等传统乐器，巧妙地结合虫鸣、鸟叫、流水等自然声音，风格清新自然，让人在音乐中也能品尝茶的无限滋味。

（三）茶书法篆刻

1. 吴昌硕茶联

吴昌硕（1844—1927），现代著名书画家。他的行书，得黄庭坚、王铎笔势之欹侧，黄道周之章法，个中又受北碑书风及篆籀用笔之影响，大起大落，遒润峻险。有行书茶联："剪取吴淞半江水，且尽卢仝七碗茶。"

2. 郭沫若《一九六四年夏初饮高桥银峰》

郭沫若（1892—1978），原名郭开贞，现代文学家、史学家、书法家、社会活动家。他的书法既重师承又有创新，笔挟风涛、气韵天成，被誉为"郭体"。湖南长沙高桥茶叶试验场在1959年创制了新品高桥银峰茶。1964年，郭沫若到湖南考察，品饮之后特作《一九六四年夏初饮高桥银峰》：

芙蓉国里产新茶，九嶷香风阜万家。肯让湖州夸紫笋，愿同双井斗红纱。

脑如冰雪心如火，舌不恬饤眼不花。

协力免教天下醉，三闾无用独醒嗟。

诗中赞美高桥银峰堪比古代名茶湖州顾渚紫笋、洪州双井白茶。茶能让人提神、醒酒，何如屈原所说的"众人皆醉我独醒"。

3. 赵朴初《吃茶去》等

赵朴初的书法结构严谨、笔力劲健、俊朗神秀,以行楷最擅长,有东坡体势。静穆从容,气息散淡,自然脱俗。为许多重要茶事活动题诗,多半写成书幅,诗书兼美,堪称双绝。

1991 年,身为中日友协副会长的赵朴初,为"中日茶文化交流 800 周年纪念"题诗一幅:

阅尽几多兴废,七碗风流未坠。悠悠八百年来,同证茶禅一味。

赵朴初曾一再书写"茶禅一味",发挥赵州"吃茶去"宗旨。

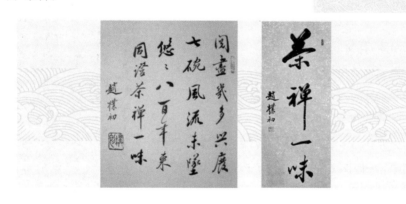

4. 启功《今古形殊义不差》

启功(1912—2005),字元白,满族,教育家、古典文献学家、书画家、诗人。启功书法成就主要在于行楷,书法富于传统气息,但更具有翩翩自得的个人风范——文雅而娴熟、清冷而端丽。

169

1989年，北京举办"茶与中国文化展示周"，他题诗："今古形殊义不差，古称茶苦近称茶。赵州法语吃茶去，三字千金百世夸。"

1991年5月，启功书赠张大为一幅立轴绝句："七椀神功说玉川，生风枉诧地行仙。赵州一语吃茶去，截断群流三字禅。"

启功对赵州禅师的"吃茶去"法语极其推崇，赞为"百世夸"、"三字禅"。

5. 张充和《云龙佛堂即事》

张充和(1914—)，书法初以颜字打基础，后兼学诸家，于隶书、章草、今草、行书、楷书皆擅。一笔娟秀端凝的小楷，骨力深蕴，格调高雅，气息清朗，尤为世人所重，被誉为"当代小楷第一人"。

《云龙佛堂即事》，草书，纸本，长61.6厘米，宽39.3厘米，1978年书写。用笔劲健，圆转流畅，少数地方也有章草的方折。"酒阑琴罢漫思家，小坐蒲团听落花。一曲潇湘云水过，见龙新水宝红茶。"诗作于抗战时期流寓昆明期间，约在1939年。在昆明时，张充和借住在云龙庵。在云龙庵的一个佛堂中，她布置了一个简易的长书案，书案上有茶壶茶杯。每逢友人来访,就在一起品茶、弹琴、唱曲、写字、作画。此诗正是写她独自一人琴罢品茶的情形。酒阑归来,弹一曲《潇湘水云》,品一壶宝红(洪)茶。小坐蒲团,闲听堂外落花之声,不由勾起对处在战火中的家乡的思念。"云水"和"见龙",又将"云龙"二字嵌入诗中。

(四)茶事绘画

1.吴昌硕《煮茗图》等

《煮茶图》,画中高脚泥炉一只,略呈夸张之态,上置陶壶一把,炉火腾腾,旁有破蒲扇一柄,当为助焰之用。另有寒梅一枝,枝上梅花数簇,有孤高之气。此画极写茶、梅之清韵。

吴昌硕品茶、赏梅,常将茶梅合题。其《品茗图》,一丛疏梅自右上向左下斜出,右下用淡墨勾出茶壶、茶杯,与梅花相映成趣。左上题字"梅梢春雪活火煎,山中人兮仙中仙"。

2.齐白石《煮茶图》

齐白石(1864-1957),现代著名书画家。

□ 吴昌硕《煮茗图》

画中泥炉上一只瓦壶,一把破蒲扇,扇下一把火钳,几块木炭。此画表现的是日常生活中的煮茶,同时也体现了主人清贫俭朴的操守。

齐白石尚有《寒夜客来茶当酒》,以宋人杜耒的诗意作画。胆瓶一只,插墨梅一枝,喻"才有梅花便不同"。油灯一盏,喻"寒夜",提梁茶壶一把以点题,喻"客来茶当酒";《茶具图》,一壶两杯,取神遗貌,极为简约;《茶具梅花图》,九十二岁时作且赠送毛泽东。画面简洁,红梅形象简练而丰富,有怒放的花朵,有圆润的蓓蕾,生机盎然。茶壶浓墨染,茶杯细笔勾勒。

□ 齐白石《煮茶图》　　　　□ 齐白石《寒夜客来茶当酒》

3. 刘旦宅《东坡取泉图》等

刘旦宅(1931－2011)，当代著名画家。

《东坡取泉图》是以苏轼《汲江煎茶》诗"自临钓石取深清"句意所作,画的上部是修竹婆娑,圆月高挂,下部是巨石横铺,数丛兰草生于石缝。东坡行于石上,左手拎一水瓮,右手拄一竹仗,似汲水归来。左下以行书题录《汲江煎茶》全诗。

《东坡试茶图》是以《次韵曹辅寄壑源试焙新茶》诗意作画。石为几、凳,清泉绕石而流。东坡坐于石上专注品茶,侍女侧目而视。左上以行书题录《次韵曹辅寄壑源试焙新茶》全诗。

□ 刘旦宅《东坡取泉图》　　　□ 刘旦宅《东坡试茶图》

　　刘旦宅以《次韵曹辅寄壑源试焙新茶》诗意还作过《佳茗图》一幅。以东坡梦已雪水烹小龙团茶而作回文诗二首诗意作《东坡饮茶梦诗图》,以颜真卿等《竹山联句》作《瀹茗联吟图》,以及数十幅茶画,1996年结集出版《刘旦宅茶经图集》一册。

　　4.范曾《茶圣图》等

　　范曾(1938—),当代书画家。

　　范曾以茶圣为题画过多幅,神态各异:或凝神或疾书或传道或聆听。而造型最独特的一幅,是作于1989年的《茶圣图》,画家让茶圣俯卧在一个高古的床榻之上,专注地指点一个茶童烹茶;而在床头边上,另一个茶童则笑眯眯地看着他的小师兄扇火。画上题诗跋:"乌龙冻顶胜猴魁,饮罢猴魁醉不归。

汲取黄山清涧水,芳茗味共白云飞。"

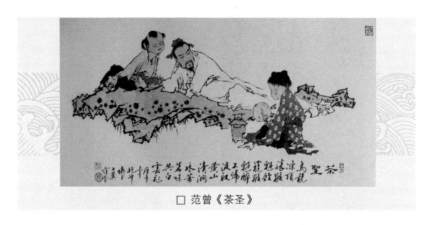

□ 范曾《茶圣》

《煮茶图》,画中仅茶圣和童子二人,茶圣席地而坐,童子执扇煮茶,画首题字:"茶圣夏夜候客,小子欲有所询。"《茶圣品茗图》,画中的陆羽被置身于画右,手执茶杯,品茶论道,童子坐在茶圣右边,似在回眸聆听。

□ 范曾《煮茶图》

此外,当代画家张大千、冯超然、亚明、林晓丹、胡定元、丁世弼、吴山明、田耘等也有茶画传世。

六、茶文化硕果累累

真正意义上的中国茶文化研究肇始于 20 世纪 80 年代初。这些年来,中国茶文化研究不仅专著、论文数量众多,更以其学科意识的自觉、研究深度的拓进而为学术界所关注,主要成果表现在茶文化综合研究、茶史研究、茶艺茶道研究、陆羽及其《茶经》研究和茶文化文献资料整理五个方面。此外,在茶与儒道释、茶文学、茶艺术、茶俗、茶具、茶馆研究等方面,也都有可观的成果。

(一)肇始阶段(1980—1989 年)

20 世纪 80 年代以后,一些茶文化杂志陆续创办,为茶文化研究成果的发表提供了条件。湖北陆羽茶文化研究会自 1983 年开始出版《陆羽研究集刊》,江西省社科院《农业考古》杂志自 1981 年创刊后辟有茶史专栏,浙江省"茶人之家"基金会 1985 年出版《茶人之家》(后来改名《茶博览》)杂志。《中国农史》、《茶业通报》等期刊也刊发少量茶文化研究论文。这些刊物的创办,对推动早期的茶文化研究发挥了积极作用。

1. 茶史研究

在当代中国茶文化研究中,茶史的研究起步最早。

陈椽《茶业通史》包括茶的起源、茶叶生产的演变、中国历代茶叶产量变化、茶业技术的发展与传播、中外茶学、制茶的发展、茶类与制茶化学、饮茶的发展、茶与医药、茶与文化、茶叶生产发展与茶叶政策、茶业经济政策、国内茶业贸易、茶叶对外贸易、中国茶业今昔共 15章。作为世界上第一部茶学通史著作,书中对茶叶科技、茶叶经济贸易、茶文化都作了全面论述,是构建茶史学科的奠基之著。

庄晚芳《中国茶史散论》从茶的发展史、饮用史等来论证茶的发源地,并着重论述了茶的栽制技术的演变以及茶叶科学研究的进展等,虽非对中国茶史的系统研究,但也具有较高的学术价值。贾大泉和陈一石《四川茶业史》则是最早的一部

地方茶史著作。

此外，一些关于中国茶史的论文陆续发表。如史念书(朱自振)《略论我国茶类生产的发展》(《农业考古》1984年第2期)和《我国古代茶树栽培史略》(《茶业通报》1986年第3期)、陈以义《绿乌龙、红乌龙和青乌龙的发展史》(《古今农业》1987年第1期)、唐耕耦和张秉伦《唐代茶业》(《社会科学战线》1979年第4期)、张泽咸《汉唐时期的茶叶》(《文史》第11辑，中华书局1981年)、王洪军《唐代的茶叶生产》(《齐鲁学刊》1987年第6期)和《唐代的茶叶产量贸易税收与榷茶》(《齐鲁学刊》1989年第2期)等。

2. 陆羽及其《茶经》研究

关于陆羽及其《茶经》的研究起步较早，在20世纪80年代就产生了一批成果。如张芳赐等《茶经浅释》，傅树勤、欧阳勋《陆羽茶经译注》，蔡嘉德、吕维新《茶经语释》，湖北陆羽研究会编《茶经论稿》。特别是吴觉农主编的《茶经述评》，更是《茶经》研究的集大成之作。

朱自振(史念书)的《全唐诗中的陆羽史料考述》(《中国农史》1984年1期)，从《全唐诗》中钩沉陆羽行迹；傅树勤的《茶神陆羽》，则是最早关于陆羽的传著；欧阳勋研究陆羽及其《茶经》较早，发表论文《"茶圣"陆羽》(《中国农史》1983年4期)等，出版专著《陆羽研究》，显示出深厚的学术积淀。

3. 资料整理

茶文化文献资料的挖掘、整理和汇编，是中国茶文化研究的基础性工作。陈祖椝、朱自振的《中国茶叶历史资料选辑》，收入自唐至清的茶书58种和少量杂著、艺文，对一些茶书中的内容视为"游戏之作"而作删削，虽然仅40余万字,但重要的茶书和资料基本收录。

张宏庸对陆羽及其《茶经》有了一个比较完整的整理工作,计已出版的有《陆羽全集》、《陆羽茶经丛刊》、《陆羽茶经译丛》中收录的外国图书、《陆羽书录》的总目提要、《陆羽图录》的文物图录,以及《陆羽研究资料汇编》的相关史料整理。

4. 茶艺及其他

庄晚芳、孔宪乐、唐力新、王加生合编的《饮茶漫话》,刘汉介的《中国茶艺》,蔡荣章的《现代茶艺》,吴智和的《中国茶艺论丛》和《中国茶艺》,张宏庸的《茶艺》,刘昭瑞的《中国古代饮茶艺术》,都是肇始阶段关于饮茶艺术研究方面的有影响之作。

(二)奠基阶段(1990-1999年)

自1990年起,国际茶文化研讨会每两年举办一次,并将论文集结出版(中国国际茶文化研究会于1993年正式成立)。湖州陆羽茶文化研究会自1990年起编辑出版《陆羽茶文化研究》;1991年,江西省社会科学院主办、陈文华主编的《农业考古》杂志推出"中国茶文化专号",每年两期,成为茶文化研究最重要的期刊。这一阶段,不仅发表了大量论文,茶文化研究著作也不断涌现。在茶文化的各个方面都产生一批学术成果,奠定了茶文化学科研究方向和基础。

1. 茶文化综合研究

王家扬主编的《茶的历史与文化——90杭州国际茶文化研讨会论文选集》收录王泽农《茶文化源流初探》、王玲《两晋至唐代的饮茶之风与中国茶文化的萌芽与形成》、韩国释龙云《茶名的考察》、日本布目潮沨《许次纾的〈茶疏〉》

等 23 篇论文,内容涉及茶字和饮茶的起源、茶文化的形成与发展、茶道茶艺等。

　　王冰泉、余悦主编的《茶文化论》收录 30 多篇论文,如余悦(彭勃)的《中国茶文化学论纲》对构建中国茶文化学的理论体系进行了全面探讨,认为中国茶文化是一门独立的学科,提出中国茶文化结构体系的六种构想,茶文化学必须研究和解决的六大问题。王玲的《关于"中国茶文化学"的科学构建及有关理论的若干问题》,也同样对构建中国茶文化学科提出富有价值的构想。此外,如陈椽《从茶到六大茶类的起源研究》、童启庆《论茶礼、茶道、茶艺的名称及其内涵》等都是有特色的论文。

　　姚国坤、王存礼、程启坤编著的《中国茶文化》从茶文化之源、茶与风情、

茶之品饮、茶与生活、茶与文学艺术、历代茶著六个方面全面论述中国茶文化。这是第一本以"中国茶文化"为名称的著作，筚路蓝缕，功不可没。

1992年，王家扬主编的《茶文化的传播及其社会影响——第二届国际茶文化研讨会论文选集》收录吴智和《晚明文人集团旅游交往的饮茶生活》等40篇论文，内容涉及茶文化的内涵、发展、传播、社会功能、茶俗、茶艺、茶道；王玲的《中国茶文化》自成体系，简明扼要；朱世英主编的《中国茶文化辞典》作为第一部关于中国茶文化的辞典，具有开拓性。

通过对茶文化广泛而深入的研究，到20世纪90年代初，"茶文化"作为一个新名词、概念被正式确立。但是作为一个新概念，对其内涵和外延的界定一时难以统一。后来不断有人通过论文、著作对茶文化的内涵和外延进行阐释，从而进一步明晰茶文化的概念。例如邹明华《养生，修性，怡情，尊礼——论中国茶文化的内涵》、周渝《茶文化：从自然到个人主体与文化再生的探寻》等论文，浩耕、梅重主编的《中国茶文化丛书》、余悦主编的《中华茶文化丛书》、陈文华著《中国茶文化基础知识》、黄志根主编的《中华茶文化》等著作。

2. 茶艺茶道研究

范增平《台湾茶文化论》、张宏庸《台湾传统茶艺文化》对台湾地区的茶艺文化进行了细致的研究。

童启庆《习茶》从习茶有道、品茗环境、茶具选配、用水择辨、择茶心韵、泡茶

技艺、茶会准备七个方面,要言不烦地论述了现代茶艺的各个环节;丁文的《茶乘》对茶道概念、茶与儒释道的关系、茶道美学、文人与茶进行了深入的研究。

陈文华《茶艺·茶道·茶文化》对茶艺、茶道、茶文化的概念及其关系进行了科学诠释;丁以寿《中国饮茶法源流考》对中国古代饮茶艺术进行归纳,即汉魏六朝煮茶、唐五代煎茶、宋元点茶、明清泡茶。丁以寿《中国茶道发展史纲要》指出中国茶道成于唐、继于宋、盛于明,并对中国历史上的煎茶道、点茶道、泡茶道的萌芽、形成、兴盛、衰亡的历程进行了总结。

3. 茶史研究

朱自振的《茶史初探》论述了茶之纪原、茶文化的摇篮、秦汉和六朝茶业、称兴称盛的唐代茶业、宋元茶业的发展和变革、我国传统茶业的由盛转衰、清末民初我国茶叶科学技术的向近代转化、抗战前后我国茶叶科技的艰难发展,对中国茶史进行提纲挈领的概括。

《中国茶酒文化史》的上篇是由朱自振撰写的《中国茶文化史》,这是第一部关于中国茶文化史著作;余悦的《茶路历程——中国茶文化流变简史》则是一部简明的中国茶文化史著作。

断代茶史或专门茶史著作有梁子《中国唐宋茶道》、吴智和《明人饮茶生活文化》、刘淼《明代茶业经济研究》、沈冬梅《宋代茶文化》、丁文《大唐茶文化》、陶德臣和王金水《中国茶叶商品经济研究》等。

这一阶段重要的茶史研究论文有程启坤和姚国坤《论唐代茶区与名茶》、舒耕《中国茶叶科学技术史大事纪要》、方健《唐宋茶产地和产量考》、吕维新《宋代的茶马贸易》、陶德臣《近代中国茶叶对外贸易的发展阶段与特点》、施由民《走向幽雅——晚明茶文化散论》、王河《唐代古逸茶书钩沉》、方健《宋代茶书考》。

此外,地方茶史的研究论文有李家光《古蜀蒙山茶史考》和《巴蜀茶史三千年》、巩志和姚月明《建茶史征》、朱自振《太湖西部"三兴"地区茶史考略》、邵宛芳和沈柏华《云南普洱茶发展简史及其特性》等。

4.陆羽及其《茶经》研究

寇丹《据于道,依于佛,尊于儒——关于〈茶经〉的文化内涵》对《茶经》文化内涵的揭示,朱乃良《唐代茶文化与陆羽〈茶经〉》、徐荣铨《陆羽〈茶经〉和唐代茶文化》对《茶经》与唐代茶文化关系的研究,傅铁虹《〈茶经〉中道家美学思想及影响初探》对《茶经》中道家美学思想的揭示,钱时霖《我对〈茶经〉765年完成初稿775年再度修改780年付梓"之说的异议》对《茶经》成书年代的考证,都有新见。

5.资料整理

吴觉农辑编《中国地方志茶叶历史资料选辑》将南宋嘉泰年间至中华民国三十七年编撰的 16 个省、区的 1226 种省志和县志中有关茶和山、水的历史资料悉数收录;朱自振辑编《中国茶叶历史资料续辑(方志茶叶资料汇编)》,收录 26 个省市自治区的 1080 种方志中有关茶的资料。

阮浩耕、沈冬梅、于良子释注点校的《中国茶叶全书》收录现存茶书 64 种(其中辑佚 7 种,后附已佚存目茶书 60 种)加以点校和注释,并附作者简介,考订版本源流。陈彬藩主编的《中国茶文化经典》,是收集中国古代茶文化文献资料最全面的资料汇编。

6. 其他方面

赖功欧的《茶哲睿智》对茶与儒道释的关系进行深入研究,王泽农《中华茶文化——先秦儒学思想的渊源》对儒家与茶文化的关系进行研究,余悦《禅悦之风——佛教茶俗几个问题考辨》对佛教茶俗进行了研究,东君(滕军)的《茶与仙药——论茶之饮料至精神文化的演变过程》揭示了道教在茶从饮料向精神文化发展中的作用。

钱时霖《中国古代茶诗选》,选择中国古代有代表性的茶诗进行注解;石韶华《宋代咏茶诗研究》从宋代咏茶诗形成的历史过程、创作背景、主要内涵、艺术表现等方面,对宋代茶诗进行全景式研究;刘学忠《茶与诗——文人生活

对艺术的渗透》阐述了茶文化对诗歌的影响；胡文彬《茶香四溢满红楼——〈红楼梦〉与中国茶文化》系统、全面、深刻地论述《红楼梦》中的茶文化。

余悦不仅在《江西茶俗的民生显象和特质》系列论文中对江西茶俗进行了研究，而且在《问俗》中对中国茶俗作了深入研究；吴尚平《浅论中国茶俗文化在民族文化中的地位》论述茶俗在中国少数民族文化中的地位；薛翘、刘劲峰《客家擂茶源流考》、林更生《客家的茶文化》对客家人茶文化进行了研究；苏芳华、魏谋城《云南民族饮茶方式》对云南少数民族饮茶习俗进行了考察。

姚国坤、胡小军的《中国古代茶具》、王建平的《茶具清雅》对中国茶具的历史和发展作了梳理；寇丹的《鉴壶》对紫砂壶进行鉴赏和研究。

陕西扶风法门寺地宫出土的唐代茶具轰动一时，梁子《法门寺出土唐代宫廷茶器巡札》、韩金科《法门寺唐代茶具与中国茶文化》对此进行研究；河北宣化下八里辽墓壁画中的茶事图引人注目，郑绍宗《河北宣化辽墓壁画茶道图的研究》、刘海文《试述河北宣化下八里辽代壁画墓中的茶道图及茶具》对此作了研究。

刘学忠的《中国古代茶馆考论》、吴旭霞的《茶馆闲情》对中国茶馆历史演变和各地茶馆文化作了介绍。

陈宗懋主编的《中国茶经》专设"茶史篇"、"茶文化篇"，其"饮茶篇"也涉及饮茶史和饮茶艺术。

（三）深化阶段（2000年以来）

21世纪以来，除茶文化类专门期刊外，《茶叶科学》、《中国茶叶》、《中国茶叶加工》、《茶叶》、《茶苑》等茶学类杂志以及一些饮食文化、文史类杂志及大学学报也刊发一定数量的茶文化研究论文。众多出版社纷纷抢滩茶文化阵地,形成一股茶文化书籍出版热潮。中国茶文化研究迈入持续发展、深入深化阶段。

1. 茶文化综合研究

施由民《试论中国茶文化与中国文人的审美取向》、赖功欧《茶文化与中国人生哲学(论纲)》、余悦《中国茶文化当代历程和未来走向》和《加强茶文化学科建设的理性思考》、朱红缨《基于专业教育的茶文化学体系研究》、丁以寿《中国茶文化研究现状、学科定位和研究队伍建设》、陶德臣《试论中国茶文化研究现状与科学发展》、关剑平《从文化理论看茶文化研究属性》等论文,进一步阐明茶文化的概念、内涵、体系、美学和精神。

姚国坤《茶文化概论》、陈文华《长江流域茶文化》和《中国茶文化学》、刘勤晋《茶文化学》、余悦《茶文化博览丛书》、阮浩耕和董春晓《人在草木中丛书》,对茶文化进行了多方位研究。

陈宗懋主编的《中国茶业大辞典》,其中也有部分茶文化的内容;朱世英、王镇恒、詹罗九主编的《中国茶文化大辞典》,收入词条近万,是一部全面宏富的中国茶文化辞典。

2. 茶艺茶道研究

蔡荣章《茶道教室》、《茶道基础篇》、《说茶之陆羽茶道》、《茶道入门——泡茶篇》等,范增平《茶艺学》、《台湾茶艺观》等,为现代茶艺理论的研究和规范做出了重要贡献。

陈文华《论当前茶艺表演的一些问题》、《论中国茶道的形成历史及其主要特征与儒、释、道的关系》、《论中国茶艺及其在中国茶文化史上的地位》、《中国茶艺的美学特征》等论文,对茶道与儒释道的关系、茶艺美学等进行研究,并指出当前茶艺编创和表演中所存在的一些误区。

童启庆、寿英姿《生活茶艺》从茶艺基本知识入手,引导人们进入四季茶韵,为现代茶艺提供了范式。

余悦在《中国茶韵》中对茶艺、茶道概念、茶道与儒道释的关系等作了精要的阐释，并在《儒释道和中国茶道精神》、《中国茶艺的美学品格》、《中国古代的品茗空间与当代复原》等论文中进一步阐释了茶艺美学、茶道精神。

林治的《中国茶艺》、《中国茶道》、《茶道养生》对茶的冲泡技艺、茶艺六要素美的赏析、茶艺美学基础、茶道精神、茶道养生等进行了有益的探索。

马守仁(马嘉善)有《无风荷动——静参中国茶道之韵》，并通过《茶艺美学漫谈》和《中国茶道美学初探》揭示茶艺美学的形式美、动作美、结构美、环境美、神韵美五个特点和茶道美学的大雅、大美、大悲、大用四个特征。

乔木森的《茶席设计》对茶席设计的基本构成因素、一般结构方式、题材及表现方法、技巧等进行了有益的研讨。

丁以寿主编《中华茶道》系统地论述了中国饮茶的起源、发展以及历代饮茶方式的演变，中华茶道的概念、构成要素以及形式，中华茶道与文学、艺术、哲学、宗教的关系，中华茶道的精神、美学、历史以及对外传播；丁以寿主编《中华茶艺》系统地论述了茶艺的基本概念和分类原则、茶艺要素、茶席设计、茶艺礼仪、茶艺美学、茶艺形成与发展历史、茶艺编创原则、茶艺对外传播以及中国当代茶艺。

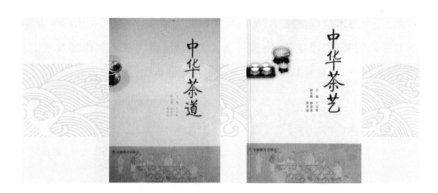

阮浩耕等《茶道茗理》以历代茶人为线索,阐述中国茶道精神和意境。

3. 茶史研究

中华茶人联谊会编辑的《中国茶叶五千年》是一部编年体的中国茶史著作,对近现代中国茶界大事记载尤详;郭孟良的《中国茶史》是一部简明的中国茶史读本;夏涛主编《中华茶史》,对先秦、汉魏六朝、唐五代、宋元、明清、现代各个时期的中华茶叶科技、茶叶经贸、茶文化和茶的传播进行了深入浅出的论述。

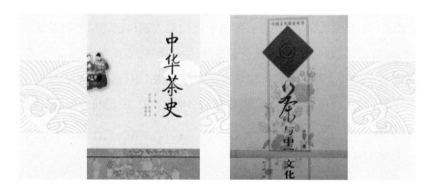

关剑平的《茶与中国文化》选择魏晋南北朝迄初唐时期,从文化史角度阐明当时饮茶习俗的发展状况以及饮茶习俗形成的社会文化基础,特别是饮茶习俗产生的原因、茶文化在中国酝酿的过程;沈冬梅《茶与宋代社会生活》从

宋代茶艺、茶与宋代政治生活、茶与宋代社会生活、茶与宋代文化四个方面深入研究宋代的茶史;廖建智《明代茶文化艺术》从明代茶之制作和饮茶方法、茶政、茶文化艺术、茶礼俗文化、茶文学等方面剖析明代茶文化史。

滕军的《中日茶文化交流史》对中国茶文化向日本的传播历程进行细致的研究;关剑平《文化传播视野下的茶文化研究》从文化传播的视角审视中国茶文化形成以及向边疆、海外的传播,是一部简明的中国茶文化传播史著作。

阮浩耕主编《浙江省茶叶志》是最为完备的一部地方茶叶志;王旭烽的《茶者圣——吴觉农传》则是第一部关于当代茶人的传记;孙洪升《唐宋茶业经济》对唐宋时期的茶叶消费及茶业演变、生产条件、生产形态、生产技术、商品经济等从理论上作了全面的探讨和研究;黄纯艳《宋代茶法研究》探讨北宋初期茶法、蔡京茶法、南宋茶法、福建茶法、四川茶法、茶利与茶价、宋代茶法的演变等。

4.陆羽及其《茶经》研究

程启坤、杨招棣、姚国坤《陆羽〈茶经〉解读与点校》、沈冬梅《茶经校注》最为精审;肖毛网络版的《茶经集注》,时有新见;裘纪平《茶经图说》,别具一格地图解茶经;丁以寿《陆羽〈茶经〉成书问题略辨》,指出陆羽《茶经》的成书经历了从《茶记》到《茶论》再到《茶经》的过程。

寇丹发表一系列关于陆羽及其《茶经》的研究论文,后来结集成《陆羽和〈茶经〉研究》、《探索陆羽》两书。他关于陆羽形象、思想性格、理想的论述,关于陆羽"西江水"等问题的阐释,成一家之言。

游修龄《〈茶经·七之事〉"茗菜"的质疑》,指出《晏子春秋》中"茗菜"原为"苔菜";《〈茶经·七之事〉"〈广雅〉云"考辨》认为《广雅》云"不仅不是陆羽《茶经》的正文,也非《广雅》的正文;丁以寿《陆羽〈茶经〉中单道开茶事考》,指出单道开是晋代的一位道教徒,他所饮"茶苏"是酒非茶,单道开是酒徒而非茶人。

周志刚《陆羽与怀素交往考》、《陆羽与李季兰交往考》对陆羽与李冶、怀素交往的考论切实。他的《陆羽年谱》,援引史料,言必有据,是到目前为止关于陆羽生平年表、年谱最接近真实的一种。

钱时霖《〈陆文学自传〉真伪考辨》对《陆文学自传》真伪的辨析,朱乃良《试析陆羽研究中几个有异议的问题》、《再谈陆羽研究中几个有异议的问题》等系列论文对陆羽研究中一些有争议问题的考辨,都有独到见解。

5.茶文学研究

吕瑞萍《宋代咏茶词研究》从宋代咏茶词产生之社会背景、代表性之词人、内容分析、艺术技巧分析四个方面对宋代茶词进行深入研究;李新玲《诗化的品茗艺术》以唐代茶诗为资料,研究唐代如何将日常生活的饮茶提升为艺术化的品茗。

庄昭《茶诗三百首》、蔡镇楚和施兆鹏《中国名家茶诗》、李莫森《咏茶诗词曲赋鉴赏》、刘枫主编《历代茶诗选注》,对中国古代茶诗词作精要的注释。

　　余悦《中国茶诗的总体走向》对中国茶诗发展的基本脉络、中国茶诗特色与功用作了总体的概述;扬之水《两宋茶诗与茶事》在《全宋诗》与《全宋词》的范围内检视宋代的分茶、斗茶以及点茶与点汤的含义;赵睿才、张忠纲《中晚唐茶、诗关系发微》阐述茶的"清新"与中晚唐诗歌的"变新"的关系,认为茶文化促使中晚唐诗呈现出前所未有的以"清省"、"清寒"为主要特征的审美趣味。

　　丁以寿《苏轼〈叶嘉传〉中的茶文化解析》一文指出:苏轼《叶嘉传》巧妙地运用了谐音、双关、比拟、虚实结合等写作技巧,对茶史、宋代福建建安龙团凤饼贡茶的历史和采制、茶的功效、茶政茶法,特别是对宋代典型的饮茶艺术——点茶有着生动、形象的描写。

　　6.资料整理

　　余悦总编《中国茶叶艺文丛书》关注现当代茶文化资料,从收录的茶事诗词(古体)、散文、小说、歌曲和论文来看,虽非各类资料的"全编",但很有参考价值。

　　郑培凯、朱自振主编的《中国历代茶书汇编校注本》收录古代茶书114种,附已佚存目茶书65种,是搜集中国古代茶书最多的一本汇编。汇编校注本对所收茶书重新予以标点,考定版本源流,并附以作者简介、书的简评、注释和校记,是一部有很高的学术价值的中国古代茶书总汇。

王河对明清部分散佚茶书、茶叶文献的辑考、钩沉，取得显著成绩。

7.其他方面

赖功欧的《论中国文人茶与儒释道合一的内在关联》和《宗教精神与中国茶文化的形成》对中国茶文化与儒道释的关系作了深入研究；楼宇烈《茶禅一味道平常》、沈柏村《饮茶与禅修》、余悦《禅林法语的智慧境界——"禅茶一味"与禅茶表演阐释》和《"茶禅一味"的三重境界》、赖功欧《茶道与禅宗的"平常心"》、吴立民《中国的茶禅文化与中国佛教的茶道》等，对茶禅关系有深刻的理解和体会；王平的《谈中国茶文化中之道缘》阐明中国茶文化的内核与道教因缘难解；丁以寿《中华茶道的形成与道家》、胡长春《道教与中国茶文化》，论证了道家（含道教）对中国茶文化的影响最深、最大。

于良子《翰墨茗香》对中国古代的茶事书画篆刻作了系统的研究。裴纪平《卢仝茶歌的书画研究》从卢仝茶歌书画创作的三类形式、画家对卢仝的认识与心态、画卢仝茶歌内容比较三方面详细研究宋元明清时期的卢仝茶歌书画。沈冬梅、张荷、李涓的《茶馨艺文》从茶与文学、茶与美术、茶与表演艺术三个方面，对古今涉茶的文学艺术作品进行了解析。

余悦《事茶淳俗》从茶俗概说、茶俗历史、阶层饮茶、茶俗文化、民族茶俗、地域茶俗诸方面对中国茶俗作了全面、深入研究，茶俗学理论框架初具；姚国坤、朱红缨的《饮茶习俗》对中国各地饮茶风俗进行了深入的研究。

宋伯胤《茶具》、胡小军《茶具》、吴光荣《茶具珍赏》、陈文华《中国古代茶具鉴赏》对中国历代各式茶具进行了鉴赏和研究。

连振娟《中国茶馆》、徐传宏和骆芃芃《中国茶馆》、徐传宏和刘修明《雅室品茗》、刘清荣《中国茶馆的流变与未来走向》，对中国茶馆历史演变、现状、未来和各地茶馆作了介绍。周文棠《茶馆》、《特色茶楼装修》，关注当代茶馆的空间设计和艺术布置。

旅美学者王笛的《茶馆——成都的公共生活和微观世界 1900－1950》以1900 年第一天清早的早茶为开端，在 1949 年的最后一天晚上堂倌关门而结束，讲述了在茶馆里发生的各种故事，揭示了茶馆的许多细节，如茶馆的经营

状况、资金来源、利润管理、行业竞争、茶叶价格、商业税收,等等,茶馆的数量、规模、销售量、人流量,等等,茶馆里的娱乐、争执、赌博、走私、仇杀,等等。这些细节论证了人们怎样使用公共空间、国家如何控制和影响日常生活、地方文化怎样抵制国家文化等,揭示了茶馆在城市改良、政府控制、经济衰退、现代化浪潮的冲刷中,随机应变地对付与其他行业、普通民众、精英、社会、国家之间的复杂关系。人们在茶馆追求公共生活和社会交往,那里也是信息交流和社会活动中心,茶馆甚至成为地方和全国经济、政治、文化演变的晴雨表。由于茶馆对市民日常生活具有重要作用,它本身又是多样的、复杂的,各个政治和社会集团都试图对其施加影响、加以利用,使之成为社会改良和政府控制的对象。而利用国家文化改造地方文化,便是其中措施之一。王笛令人信服地证明,茶馆是中国社会的一个缩影。🫖

参考文献

中国茶文化

(一)著作

陈文华. 中国茶文化基础知识. 北京:中国农业出版社,1999

陈文华. 长江流域茶文化. 武汉:湖北教育出版社,2005.

陈文华. 中国茶文化学. 北京:中国农业出版社,2006.

陈祖椝,朱自振. 中国茶叶历史资料选辑. 北京:农业出版社,1981

陈椽. 茶业通史. 北京:农业出版社,1984

陈宗懋主编. 中国茶经. 上海:上海文化出版社,1992

陈彬藩主编. 中国茶文化经典. 北京:光明日报出版社,1999

陈宗懋主编. 中国茶叶大辞典. 北京:中国轻工业出版社,2001

程启坤、杨招棣、姚国坤. 陆羽《茶经》解读与点校. 上海:上海文化出版社,2004

蔡荣章. 现代茶艺. 台北:中视文化出版社,1984

蔡荣章、林瑞萱. 现代茶思想集. 台北:台湾玉川出版社,1995

蔡荣章. 茶道教室. 台北:天下远见出版股份有限公司,2002

蔡荣章. 茶道基础篇. 台北:武陵出版有限公司,2003

蔡荣章. 茶道入门三篇. 北京:中华书局,2006

丁文. 茶乘. 香港:天马图书有限公司,1999

丁文. 大唐茶文化. 香港:天马图书有限公司,1999

丁以寿. 中华茶道. 合肥:安徽教育出版社,2007

丁以寿. 中华茶艺. 合肥:安徽教育出版社,2008

范增平. 台湾茶文化论. 台北:碧山岩出版社,1992

范增平. 中华茶艺学. 北京:台海出版社,2000

关剑平. 茶与中国文化. 北京:人民出版社,2001

关剑平. 文化传播视野下的茶文化研究. 北京:中国农业出版社,2009

郭孟良. 中国茶史. 太原:山西古籍出版社,2000

黄志根主编. 中华茶文化. 杭州:浙江大学出版社,1999

刘勤晋主编. 茶文化学(第二版). 北京:中国农业出版社,2007

刘清荣. 中国茶馆的流变与未来走向. 北京:中国农业出版社,2007

刘淼. 明代茶业经济研究. 汕头:汕头大学出版社,1997

林治. 中国茶艺. 北京:中华工商联合出版社,2000

林治. 中国茶道. 北京:中华工商联合出版社,2000

林治. 茶道养生. 西安:世界图书出版公司,2006

梁子. 中国唐宋茶道. 西安:陕西人民出版社,1994

赖功欧. 茶哲睿智. 北京:光明日报出版社,1999

赖功欧. 茶理玄思. 北京:光明日报出版社,2002

廖建智. 明代茶文化艺术. 台北:秀威资讯科技股份有限公司,2007

欧阳勋. 陆羽研究. 武汉:湖北人民出版社,1989

钱时霖. 中国古代茶诗选注. 杭州:浙江古籍出版社,1989

寇丹. 鉴壶. 杭州:浙江摄影出版社,1996

阮浩耕,沈冬梅,于良子. 中国古代茶叶全书. 杭州:浙江摄影出版社,1999

阮浩耕主编. 浙江省茶叶志. 杭州:浙江人民出版社,2005

宋伯胤. 茶具. 上海:上海文艺出版社,2002

沈冬梅. 茶经校注. 北京:中国农业出版社,2006

沈冬梅,张荷,李涓. 茶馨艺文. 上海:上海人民出版社,2009

童启庆. 习茶. 杭州:浙江摄影出版社,1996

童启庆,寿英姿. 生活茶艺. 北京:金盾出版社,2000

王家扬. 茶的历史与文化——九〇杭州国际茶文化研讨会论文选集. 杭州:浙江摄影出版社,1991

王冰泉,余悦. 茶文化论. 北京:文化艺术出版社,1991

王玲. 中国茶文化. 北京:中国书店,1992

王笛. 茶馆——成都的公共生活和微观世界1900-1950. 北京:社会科学文献出版社,2010

王旭烽. 南方有嘉木. 杭州:浙江文艺出版社,1995

王旭烽. 不夜之侯. 杭州:浙江文艺出版社,1998

王旭烽. 筑草为城. 杭州:浙江文艺出版社,1999

王旭烽. 瑞草之国. 杭州:浙江大学出版社,2002

吴觉农. 茶经述评(第二版). 北京:中国农业出版社,2005

吴光荣. 茶具珍赏. 杭州:浙江摄影出版社,2004

夏涛. 中华茶史. 合肥:安徽教育出版社,2008

于良子. 翰墨茗香. 杭州:浙江摄影出版社,2003

余悦. 研书. 杭州:浙江摄影出版社,1996

余悦. 中国茶韵. 北京:中央民族大学出版社,2002

姚国坤,王存礼,程启坤. 中国茶文化. 上海:上海文化出版社,1991

姚国坤、胡小军. 中国古代茶具. 上海:上海文化出版社,1999

姚国坤. 茶文化概论. 杭州:浙江摄影出版社,2004

中国茶叶股份有限公司,中华茶人联谊会. 中华茶叶五千年. 北京:人民出版社,2001

庄晚芳. 中国茶史散论. 北京:科学出版社,1988

朱世英,王镇恒,詹罗九. 中国茶文化大辞典. 北京:汉语大辞典出版社,2002

朱自振. 中国茶叶历史资料续辑. 南京:东南大学出版社,1991

朱自振. 茶史初探. 北京:中国农业出版社,1996

张泽咸. 汉唐时期的茶叶·文史(第 11 辑). 北京:中华书局,1981

郑培凯,朱自振. 中国历代茶书汇编校注. 香港:商务印书馆,2007

(二)论文

陈文华. 茶艺·茶道·茶文化. 农业考古,1999(4)

陈文华. 论当前茶艺表演的一些问题. 农业考古,2001(2)

陈文华. 论中国茶道的形成历史及其主要特征与儒、释、道的关系. 农业考古,2002(2)

陈文华. 论中国茶艺及其在中国茶文化史上的地位. 农业考古,2005(4)

丁以寿. 中国茶道义解. 农业考古,1998(2)

丁以寿. 中国饮茶法源流考. 农业考古,1999(2)

丁以寿. 中国茶道发展史纲要. 农业考古,1999(4)

丁以寿. 工夫茶考. 农业考古,2000(2)

丁以寿.《茶经·七之事》"《广雅》云"考辨. 农业考古,2000(4)

丁以寿. 中国茶艺概念诠释. 农业考古,2002(2)

丁以寿. 中国饮茶法流变考. 农业考古,2003(2)

丁以寿. 苏轼《叶嘉传》中的茶文化解析. 茶业通报,2003(3)、(4)

丁以寿. 中国茶道概念诠释. 农业考古,2004(4)

东君. 茶与仙药——论茶之饮料至精神文化的演变过程. 农业考古,1995(2)

傅铁虹.《茶经》中道家美学思想及影响初探. 农业考古,1992(2)

胡长春. 道教与中国茶文化. 农业考古,2006(5)

胡文彬. 茶香四溢满红楼——《红楼梦》与中国茶文化. 红楼梦学刊,1994(4)

韩金科. 法门寺唐代茶具与中国茶文化. 农业考古,1995(2)

寇丹. 据于道,依于佛,尊于儒——关于《茶经》的文化内涵. 农业考古,1999(4)

刘海文. 试述河北宣化下八里辽代壁画墓中的茶道图及茶具. 农业考古,1996(2)

楼宇烈. 茶禅一味道平常. 中国禅学(第三卷). 北京:中华书局,2004

梁子. 法门寺出土唐代宫廷茶器巡札. 农业考古,1992(2)

赖功欧. 儒家茶文化思想及其精神. 农业考古,1999(2)

赖功欧. "中和"及儒家茶文化的化民成俗之道. 农业考古,1999(4)

赖功欧. 茶道与禅宗的"平常心". 农业考古,2003(2)

马舒. 漫话元代张可久的茶曲. 农业考古,1991(4)

马守仁. 茶道散论. 农业考古,2004(4)

马嘉善. 茶艺美学漫谈. 农业考古,2005(4)

马守仁. 中国茶道美学初探. 农业考古,2005(2)

钱时霖.《陆文学自传》真伪考辨. 农业考古,2000(2)

钱时霖. 我对"《茶经》765 年完成初稿 775 年再度修改 780 年付梓"之说的异议. 农业考古,1999(4)

钱时霖. 再论陆羽在湖州写《茶经》. 农业考古,2003(2)

史念书. 茶业的起源和传播. 中国农史,1982(2)

唐耕耦,张秉伦. 唐代茶业. 社会科学战线,1979(4)

扬之水. 两宋茶诗与茶事. 文学遗产, 2003(2)

余悦. 禅悦之风——佛教茶俗几个问题考辨. 农业考古, 1997(4)

余悦. 禅林法语的智慧境界. 农业考古, 2001(4)

余悦. "茶禅一味"的三重境界. 农业考古, 2004(2)

余悦. 中国茶文化当代历程和未来走向. 农业考古, 2005(4)

余悦. 儒释道和中国茶道精神. 农业考古, 2005(2)

余悦. 中国茶艺的美学品格. 农业考古, 2006(2)

游修龄.《茶经·七之事》"茗菜"的质疑. 农业考古, 2001(4)

王平. 谈中国茶文化中之道缘. 道教教义的现代阐释. 北京: 宗教文化出版社, 2003

庄晚芳. 中国茶文化的传播. 中国农史, 1984(2)

朱乃良. 试析陆羽研究中几个有异议的问题. 农业考古, 2000(2)

朱乃良. 再谈陆羽研究中几个有异议的问题. 农业考古, 2003(2)

周志刚. 陆羽年谱. 农业考古, 2003(2)、(4)

周志刚. 陆羽与怀素交往考. 农业考古, 2000(4)

周志刚. 陆羽与李季兰交往考. 农业考古, 2000(2)